Julius Mathenge Kabue

Influência da NTSA no desempenho dos projectos de segurança rodoviária

Julius Mathenge Kabue

Influência da NTSA no desempenho dos projectos de segurança rodoviária

Um caso do projeto de segurança rodoviária Zusha no condado de Nakuru, Quénia

ScienciaScripts

Imprint
Any brand names and product names mentioned in this book are subject to trademark, brand or patent protection and are trademarks or registered trademarks of their respective holders. The use of brand names, product names, common names, trade names, product descriptions etc. even without a particular marking in this work is in no way to be construed to mean that such names may be regarded as unrestricted in respect of trademark and brand protection legislation and could thus be used by anyone.

Cover image: www.ingimage.com

This book is a translation from the original published under ISBN 978-620-2-02139-5.

Publisher:
Sciencia Scripts
is a trademark of
Dodo Books Indian Ocean Ltd. and OmniScriptum S.R.L publishing group

120 High Road, East Finchley, London, N2 9ED, United Kingdom
Str. Armeneasca 28/1, office 1, Chisinau MD-2012, Republic of Moldova, Europe
Printed at: see last page
ISBN: 978-620-7-78798-2

ÍNDICE DE CONTEÚDOS

Capítulo 1 3

Capítulo 2 14

Capítulo 3 29

Capítulo 4 35

Capítulo 5 56

ACRÓNIMOS E ABREVIATURAS

BAC Blood Alcohol Consumption

DMC Dangerous Mechanical Conditions

FRSC Federal Road Safety Corps

NRSC National Road Safety Council

NTSA National Transport and Safety Authority

PDO Property Damage Only

PSV Public Service Motor vehicle

SACCOs Savings and Credit Co-operative Organizations

RSU Road Safety Unit

RTA Roads and Transport Authority

TNZ Transit New Zealand

UAE United Arab Emirates

US United States

VIO Motor vehicle Inspection Office

CAPÍTULO UM

INTRODUÇÃO

1.1 Antecedentes do estudo

A segurança rodoviária continua a ser uma preocupação fundamental para os governos e outras partes interessadas em todo o mundo desde a primeira fatalidade causada por um veículo a motor em 1889, em Nova Iorque, nos Estados Unidos da América (Pooyan, 2012). Diferentes autores examinaram a concetualização do termo segurança rodoviária. King (2005), num estudo sobre segurança rodoviária na Tailândia e no Vietname, não examinou explicitamente o conceito de segurança rodoviária, mas analisou os projectos de segurança rodoviária. O estudo observou que os projectos de segurança rodoviária são intervenções que procuram melhorar significativamente os factores que determinam a situação da segurança rodoviária. Estes factores incluem o comportamento dos condutores, as normas aplicáveis aos veículos a motor, os níveis de execução, a legislação, a qualidade das infra-estruturas rodoviárias e as normas de engenharia de tráfego. Por outro lado, Pooyan (2012), num estudo sobre a incorporação da segurança rodoviária nos sistemas de gestão rodoviária, conceptualizou a segurança rodoviária em termos de acidentes de viação, gravidade dos acidentes de viação e frequência dos acidentes de viação por segmento de estrada. O estudo definiu os acidentes rodoviários como um conjunto de eventos que resultam em ferimentos ou danos materiais devido a colisões de pelo menos um veículo motorizado, podendo envolver outro veículo motorizado ou um utilizador não motorizado, como um ciclista, um peão ou um objeto. Por outro lado, a gravidade da estrada é definida de acordo com três classificações: acidentes fatais, acidentes com feridos e acidentes com danos materiais (Bagi & Kumar, 2012). Por outro lado, a frequência dos acidentes rodoviários é analisada em termos do número de acidentes por unidade de tempo, por volume de tráfego, por troço de estrada, etc. (Geedipally, 2008).

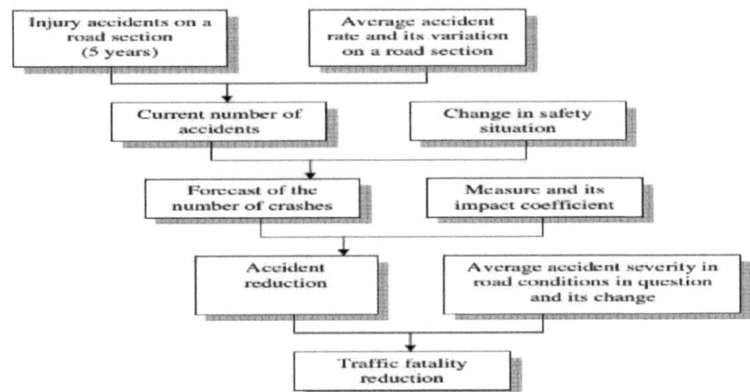

Figura 1: Representação da segurança rodoviária

Fonte; Geedipally (2008)

À semelhança de Pooyan (2012), Heydari (2012) também examina a segurança rodoviária em termos do número de acidentes ou consequências de acidentes, tipo e gravidade, que se espera que ocorram numa determinada secção da estrada. Por outro lado, Gitagama (2014) considera a segurança rodoviária como as medidas que uma pessoa que utiliza o sistema de transporte rodoviário deve observar para a sua própria segurança pessoal e a segurança dos outros utentes da estrada. Por último, Al-Dah (2010), num estudo sobre as causas e as consequências dos acidentes rodoviários no Dubai, observa que podem ser utilizadas diversas medidas para medir a segurança rodoviária. Estas medidas incluem acidentes por quilómetro de exposição de veículos a motor, acidentes por quilómetro de exposição de passageiros, acidentes por hora de exposição, acidentes por número de viagens, acidentes por número de participantes, acidentes por população, independentemente da exposição individual, e acidentes mortais ou com feridos por número total de acidentes (Al-Dah, 2010).

A segurança rodoviária continua a ser um desafio global devido às várias vidas perdidas em acidentes rodoviários. Neste contexto, Vigneshkumar & Vijay (2014) observaram que, na Índia, os acidentes rodoviários foram de aproximadamente meio milhão, com mais de 125 000 vítimas mortais em 2009.

Na Namíbia, o Conselho Nacional de Segurança Rodoviária (2009) indicou que houve 13.825 e 15.537 acidentes rodoviários em 2008 e 2009, respetivamente. Por outro lado, o número de vítimas mortais de acidentes rodoviários foi de 259 e 278 em 2008 e 2009, respetivamente. Por último, o Conselho Nacional de Segurança Rodoviária (2009) referiu que o número de vítimas era de 3.845 e 4.164 em 2008 e 2009, respetivamente. De acordo com Kemeh (2010), o número de vítimas de acidentes rodoviários continua a ser relativamente elevado no Gana. Neste contexto, Kemeh (2010) observou que, em 2008, se registaram 11 214 acidentes rodoviários, 16 455 vítimas mortais e 1 938 mortos. Por outro lado, Remi, Adegoke, & Oluwaseun (2010) observaram que os acidentes de viação registados durante um período de cinco anos, de 2000 a 2006, foram 98 494 casos de acidentes de viação, dos quais 28 366 foram fatais e resultaram em 47 092 mortes. No Uganda, Friday, Tukamuhabwa, & Muhwezi (2012) indicaram que os acidentes rodoviários estavam a aumentar. Para o demonstrar, o estudo observou que, em 2000, foram registados 14 390 acidentes (1 438 vítimas mortais e 12 946 feridos), tendo aumentado para 18 250 acidentes (2 334 vítimas mortais e 12 076 feridos) em 2008. Isto representou um aumento de 26,8% nos níveis de acidentes num período de oito anos.

Existem diversos factores que conduzem aos desafios da segurança rodoviária em todo o mundo. Estes desafios vão desde factores humanos, factores relacionados com as infra-estruturas e aspectos relacionados com os veículos a motor (Chattaraj, 2013). Os factores humanos incluem as más atitudes dos condutores e as práticas rodoviárias, como a condução imprudente, o excesso de velocidade, a incompetência do condutor, a condução sob o efeito do álcool, a utilização irreflectida da estrada e a falta de cumprimento das normas de segurança rodoviária (Jinadasa & Bishop, 2014). Os factores humanos também podem incluir as práticas rodoviárias dos peões na estrada. Os aspectos relacionados com as infra-estruturas incluem as condições da estrada em termos de largura, lombas e factores que afectam a visibilidade ao longo da estrada (Remi et al., 2010). Por último, os factores relacionados com o veículo a motor incluem a capacidade de circulação do veículo a motor. Os diversos factores que afectam os aspectos da segurança rodoviária contribuem de forma diferente para o comprometimento da segurança rodoviária em todo o mundo. Por exemplo, Friday et al. (2012), ao examinarem a segurança rodoviária no Uganda, observam que os factores relacionados com o condutor, as condições dos veículos a motor e as infra-estruturas rodoviárias contribuem para 80%, 10% e 5% dos acidentes rodoviários no Uganda, respetivamente.

Diversos países em todo o mundo criaram autoridades especializadas e organismos reguladores para lidar com aspectos da segurança rodoviária. Na Namíbia, Iipinge & Owusu-afriyie (2014) referem que o Conselho Nacional de Segurança Rodoviária da Namíbia (NRSC) foi criado no âmbito do Ministério das Obras Públicas e Transportes. Os objectivos do organismo incluem a realização de investigação sobre aspectos de segurança rodoviária, a emissão de orientações políticas para as políticas de aplicação da lei e a sensibilização do público para as questões de segurança rodoviária. No entanto, apesar da presença do NRSC, os desafios da segurança rodoviária ainda persistem no condado. De acordo com o Conselho Nacional de Segurança Rodoviária (2009), registou-se um aumento de 12,4%, 7,3% e 7,6% nos acidentes rodoviários, nas mortes por acidentes rodoviários e no número de vítimas, respetivamente, entre 2008 e 2009.

No Gana, o governo formou a Comissão Nacional de Segurança Rodoviária (NRSC) em 1999 através de uma lei 567 do parlamento (Kemeh, 2010). Na Nigéria, o Corpo Federal de Segurança Rodoviária (FRSC) foi formulado como uma organização especializada em segurança rodoviária (Ajibola, 2015). A Comissão Federal de Segurança Rodoviária (FRSC) é uma organização paramilitar formada em 1988 pelo Governo Federal da Nigéria com diversas funções. Estas funções incluem a realização de campanhas de segurança rodoviária, a remoção de quaisquer obstruções na autoestrada, a aplicação das regras de trânsito, a emissão de cartas de condução, funções consultivas sobre questões de segurança rodoviária e a prestação de cuidados às vítimas de acidentes rodoviários. De acordo com a Comissão Federal de Segurança Rodoviária (2016), foram adoptadas várias medidas para melhorar a segurança rodoviária que começaram a dar frutos. Entre os aspectos que foram empreendidos incluem-se a utilização eficaz de tribunais móveis, um vigor renovado nas campanhas de segurança rodoviária, especialmente em torno de festividades, e a atualização da sinalização rodoviária em todo o país. As estatísticas na Nigéria indicam, portanto, tendências decrescentes nos desafios da segurança rodoviária. Neste contexto, a Comissão Federal de Segurança Rodoviária (2016) refere que os acidentes rodoviários foram de 10 380 e 9 734 em 2014 e 2015, respetivamente. Durante o mesmo período, as mortes na estrada foram de 5.996 e 5.440, respetivamente.

No Quénia, várias medidas, políticas e quadros institucionais foram actualizados ao longo dos anos. De acordo com Magolo & Mitullah (2007), foram realizadas diversas reformas institucionais no Quénia para abordar os aspectos da segurança rodoviária. O estudo observou que a polícia do Quénia introduziu o sistema de patrulha rodoviária entre 1972 e 1974, a formação do Conselho Nacional de Segurança Rodoviária (NRSC) e a Unidade de Segurança Rodoviária (RSU) como secretariado do NRSC entre 1981 e 1983. Magolo & Mitullah (2007) observaram ainda que o NRSC entrou num limbo entre 1987 e 1989. [th]A Autoridade Nacional de Transportes e Segurança (NTSA) foi criada por uma lei número 33 do Parlamento em 2012, publicada em 26 de outubro de 2012 (The National Transport and Safety Authority Act., 2012). As funções da NTSA estão definidas nas secções 4 (1) e 4 (2) da Lei da Autoridade Nacional de Transportes e Segurança. Estas funções incluem aconselhar e fazer recomendações ao Secretário do Governo sobre questões relacionadas com o transporte rodoviário e a segurança; implementar políticas relacionadas com o transporte rodoviário e a segurança; planear, gerir e regular o sistema de transporte rodoviário em conformidade com as disposições da Lei NTSA e assegurar a prestação de serviços de transporte rodoviário seguros, fiáveis e eficientes (Lei da Autoridade Nacional de Transportes e Segurança, 2012). Para desempenhar as suas funções, a NTSA assume os seguintes deveres adicionais: registar e licenciar veículos motorizados; realizar inspecções e certificação de veículos motorizados; regulamentar os veículos motorizados de serviço público; aconselhar o Governo sobre a política nacional relativa ao sistema de transportes rodoviários; desenvolver e implementar estratégias de segurança rodoviária e facilitar a educação dos membros do público sobre segurança rodoviária (Lei da Autoridade Nacional de Transportes e Segurança., 2012).

Outras funções incluem a realização de pesquisas e auditorias sobre segurança rodoviária; a compilação de relatórios de inspeção relacionados com acidentes de viação; o estabelecimento de sistemas e procedimentos para, e a supervisão da formação, dos exames e do licenciamento dos condutores; a formulação e revisão do currículo das escolas de condução; e a coordenação das actividades de pessoas e organizações que lidam com questões relacionadas com a segurança rodoviária (Lei da Autoridade Nacional de Transportes e Segurança., 2012).

O projeto Zusha National Road Safety é uma iniciativa de diversas partes interessadas, incluindo a Universidade de Georgetown e a Agência dos Estados Unidos para o Desenvolvimento, que visa reduzir os acidentes rodoviários no Quénia. O projeto de segurança rodoviária tem três componentes: 1) Distribuição de autocolantes de segurança Zusha em veículos de serviço público; 2) Mensagens complementares através da rádio, painéis, redes sociais, anúncios em jornais, editoriais e artigos noticiosos; e 3) Conferências nacionais e regionais das partes interessadas para aumentar a sensibilização. Os autocolantes são colocados em todos os veículos a motor de serviço público. O plano, que foi iniciado no Quénia, deverá ser implementado na Tanzânia, no Uganda e no Ruanda. As estratégias que foram adoptadas pela NTSA para operacionalizar o programa de segurança rodoviária Zusha incluem a sensibilização e a capacitação dos utentes da estrada, exposições rodoviárias e campanhas de sensibilização para a segurança, a estruturação de sectores informais de veículos motorizados de serviço público através do registo de Organizações Cooperativas de Poupança e Crédito (SACCOS) e empresas de PSV, formação e capacitação das partes interessadas de PSV.

1.2 Declaração do problema

A segurança rodoviária nas estradas do Quénia e, em especial, no que diz respeito à segurança rodoviária pública, continua a ser motivo de preocupação para o governo e outras partes interessadas. De acordo com a Autoridade Nacional de Transportes e Segurança (2016), o número de mortes na estrada foi de 1 344 peões, 339 condutores, 668 passageiros, 637 mortes em motociclos e 69 ciclistas a pedal em 2015. Estes números ilustram o estado da segurança rodoviária no Quénia. O país continua a registar casos relativamente elevados de acidentes e mortes, apesar da criação da NTSA. As estatísticas da NTSA mostram que a segurança rodoviária pública está a deteriorar-se. Neste contexto, as mortes de passageiros aumentaram de 1340 para 1344 entre 2014 e 2015; as mortes de condutores de veículos pesados aumentaram de 268 para 339 entre 2014 e 2015 (Autoridade Nacional de Transportes e Segurança, 2016). A autoestrada Nakuru-Nairobi tem um elevado tráfego de veículos, tanto de veículos que terminam as suas viagens nas principais cidades, como Naivasha e Nakuru, como de veículos que acedem à parte ocidental do Quénia e do Uganda. No entanto, a autoestrada foi declarada como uma das estradas mais inseguras do mundo. A Organização Mundial de Saúde, num relatório de 2013 sobre segurança rodoviária, declarou a autoestrada Nakuru-Nairobi como sendo a segunda estrada mais perigosa de África. A estrada foi também classificada como a quarta estrada mais perigosa do mundo. Este facto foi atribuído ao elevado número de acidentes e mortes na estrada, em comparação com outras estradas principais. Os acidentes foram atribuídos à condução sob o efeito do álcool, às ultrapassagens e ao excesso de velocidade, entre outros factores. Este estudo procurou examinar a influência da autoridade nacional de transportes e segurança no reforço dos projectos de segurança rodoviária pública no condado de Nakuru.

1.3 Objetivo do estudo

O objetivo do estudo é examinar a influência das estratégias da autoridade nacional de transportes e segurança no desempenho dos projectos de segurança rodoviária da Zusha no condado de Nakuru, no Quénia

1.4 Objectivos do estudo

O estudo baseou-se nos seguintes objectivos;

1. Determinar a influência das inspecções de veículos a motor no desempenho dos projectos de segurança rodoviária
2. Determinar a influência da regulamentação rodoviária no desempenho dos projectos de

segurança rodoviária

3. Examinar a influência da sensibilização para a segurança dos utentes da estrada no desempenho dos projectos de segurança rodoviária

4. Determinar a influência das auditorias de segurança rodoviária no desempenho dos projectos de segurança rodoviária

1.5 Questões de investigação

O estudo foi orientado pelas seguintes questões de investigação;

1. Qual é a influência das inspecções de veículos a motor no desempenho dos projectos de segurança rodoviária?

2. Como é que a regulamentação rodoviária influencia o desempenho dos projectos de segurança rodoviária?

3. Qual é a influência da consciência de segurança dos utentes da estrada no desempenho dos projectos de segurança rodoviária?

4. Como é que as auditorias de segurança rodoviária influenciam o desempenho dos projectos de segurança rodoviária?

1.6 Importância do estudo

O estudo foi importante para uma gama diversificada de partes interessadas, incluindo a NTSA, os governos dos condados, os proprietários de matatu e os investigadores nas áreas da segurança rodoviária. O estudo ajudou a destacar os conceitos de segurança rodoviária, as práticas de segurança rodoviária em todo o mundo e a eficácia da NTSA no reforço dos aspectos de segurança rodoviária. Esta informação foi fundamental para ajudar os investigadores na área da segurança rodoviária a concetualizar a sua revisão da literatura e a obter uma compreensão aprofundada do estudo. Os proprietários de Matatu adquiriram uma compreensão profunda do papel dos veículos a motor e dos comportamentos dos seus condutores no que diz respeito aos aspectos de segurança rodoviária. Isto foi fundamental para que os proprietários de Matatu e os veículos motorizados de serviço público estabelecessem políticas eficazes relativamente às operações dos veículos motorizados de serviço público (PSVs). Finalmente, a NTSA ganhou com o estudo através de uma análise sobre como outros organismos em todo o mundo melhoram os programas de segurança rodoviária nos seus respectivos países. Assim, a NTSA obteve do estudo as melhores práticas que pode implementar no seu estudo.

1.7 Delimitações do estudo

O âmbito geográfico do estudo foi o condado de Nakuru devido às limitações de tempo e de recursos financeiros para efetuar o estudo num âmbito geográfico mais vasto. No entanto, o condado de Nakuru é suficiente para o estudo recolher as informações necessárias para o estudo. O âmbito temporal do estudo é de seis meses, de janeiro a junho de 2017, uma vez que o estudo se destina apenas a fins académicos. O orçamento do estudo foi de 60 000 Ksh, uma vez que o estudo é auto-financiado.

1.8 Limitações do estudo

O estudo foi limitado em diversos aspectos. O estudo procurou ser realizado entre os motoristas e condutores de Matatu no condado de Nakuru. Alguns destes motoristas e condutores podem ser semi-analfabetos, o que pode comprometer a sua capacidade de preencher o questionário por si próprios. Esta situação foi atenuada através da utilização de assistentes de investigação para interpretar os questionários nos dialectos locais que são compreensíveis para os inquiridos.

1.9 Pressupostos do estudo

O estudo baseou-se no pressuposto de que os inquiridos foram verdadeiros nas suas respostas às questões colocadas no estudo e que estavam dispostos a participar voluntariamente no estudo.

1.10 Definições dos principais termos utilizados

Acidentes de viação; Eventos que resultam em ferimentos ou danos materiais devido a colisões de, pelo menos, um veículo motorizado e podem envolver outro veículo motorizado ou um utilizador não motorizado, como um ciclista, um peão ou um objeto

Regulamentos rodoviários; um conjunto de regras que devem ser cumpridas pelos utentes da estrada

Auditorias de segurança rodoviária; procedimento formal utilizado para uma avaliação independente do potencial de acidentes e do desempenho provável em termos de segurança de um projeto específico de uma estrada ou de um esquema de tráfego, quer se trate de uma nova construção ou de uma alteração de uma estrada existente

Sensibilização dos utentes da estrada para a segurança; o conhecimento dos utentes da estrada sobre a utilização da estrada sem riscos

Inspecções de veículos a motor; verificação do veículo a motor quanto à sua conformidade com uma determinada regra de regulamentação rodoviária

Projeto Zusha; um projeto de segurança rodoviária para incentivar a segurança rodoviária nos veículos a motor de serviço público

1.11 Organização do estudo

A organização foi feita em cinco capítulos, a saber, capítulo um, dois, três, quatro e cinco. O primeiro capítulo examinou a introdução ao estudo e consistiu nos antecedentes do estudo, na declaração do problema, nos objectivos do estudo, na importância do estudo, nas limitações do estudo e nas definições dos termos-chave.

O capítulo dois procurou analisar a revisão da literatura do estudo, que examinou a revisão teórica da literatura e a revisão empírica dos objectivos específicos. O capítulo examinou também o quadro concetual e a síntese da literatura revista.

O capítulo três examinou a conceção da investigação, a população-alvo, a dimensão da amostra e o processo de amostragem, o instrumento de recolha de dados, o estudo-piloto, o método de recolha de dados, a análise e a apresentação dos dados, as considerações éticas e a operacionalização das variáveis.

O quarto capítulo examinou a apresentação, a análise, a interpretação e a discussão dos dados. Por último, o capítulo 5 apresenta a síntese, as conclusões, as recomendações do estudo e as sugestões para estudos futuros.

CAPÍTULO DOIS

REVISÃO DA LITERATURA

2.1 Introdução

Este capítulo examinou em pormenor os aspectos do desempenho do projeto de segurança rodoviária e as influências da inspeção dos veículos a motor, dos regulamentos rodoviários, da sensibilização dos utentes para a segurança rodoviária e das auditorias de segurança rodoviária no desempenho da segurança rodoviária. O capítulo também examinou os quadros teóricos e conceptuais.

2.2 Desempenho dos projectos de segurança rodoviária

De acordo com Al-Dah (2010), num estudo sobre as causas e as consequências dos acidentes rodoviários no Dubai, os EAU constatam que o país empreendeu diversos projectos de medidas de segurança rodoviária. Neste contexto, o Dubai criou a Autoridade das Estradas e dos Transportes (RTA) em 2005 com o objetivo de centralizar as questões de tráfego numa autoridade para uma melhor coordenação e medidas de intervenção eficazes em matéria de segurança rodoviária. Entre as funções da RTA contam-se o desenvolvimento e a manutenção das estradas do Dubai, bem como o licenciamento dos condutores e dos veículos a motor.

Na Etiópia, Taera (2014), num estudo sobre o país, observa que o país tem dois grandes desafios que afectam a eficácia dos programas de segurança rodoviária. O primeiro grande desafio são os desafios de coordenação, bem como a sobreposição de mandatos entre as diferentes organizações envolvidas em questões de segurança rodoviária. O estudo observa que algumas destas organizações não têm como objetivo principal as questões de segurança rodoviária, o que leva a negligenciar os aspectos de segurança rodoviária.

No Uganda, Friday, Tukamuhabwa, & Muhwezi (2012) observaram que existiam diversos desafios que se colocavam aos projectos de segurança rodoviária no país. O estudo observou que havia um número insuficiente de agentes de trânsito com formação profissional, tal como exigido pela Lei sobre Trânsito e Segurança Rodoviária. Isto significa que a aplicação das regras de trânsito rodoviário no país estava a ser dificultada. Os agentes de trânsito também não tinham acesso adequado a equipamento de segurança rodoviária, como pistolas de velocidade e bafómetros. O estudo observou ainda que existe um número crescente de veículos motorizados em mau estado nas estradas do Uganda devido à abolição da inspeção obrigatória dos veículos motorizados.

De acordo com Oburu (2015), num estudo sobre mensagens de segurança rodoviária no Quénia, um dos projectos que o governo queniano iniciou em matéria de segurança rodoviária é a criação da Autoridade Nacional de Transportes e Segurança (NTSA). De acordo com a Autoridade Nacional de Transportes e Segurança (2016), a visão da autoridade é proporcionar um sistema de transportes rodoviários sustentável e seguro, sem conflitos. Por outro lado, a missão da autoridade é facilitar a prestação de serviços de transporte rodoviário seguros, fiáveis e eficientes. No entanto, apesar da formação da NTSA, Oburu (2015) observa que ainda há uma alta prevalência de desafios de segurança rodoviária no país.

2.3 Inspeção de veículos a motor e execução de projectos de segurança rodoviária

A inspeção dos veículos a motor é uma componente crítica dos aspectos de desempenho da segurança rodoviária. Gitagama (2014), num estudo sobre a perceção do sector dos transportes públicos em relação à programação televisiva sobre segurança rodoviária, observa que a inspeção dos veículos a motor é fundamental para reforçar a segurança rodoviária. Neste contexto, o estudo observa que os veículos a motor necessitam de inspecções regulares com vista a garantir que os componentes dos veículos a motor são seguros para utilização e estão em boas condições de funcionamento. A importância da inspeção dos veículos a motor para os aspectos da segurança rodoviária é ainda enfatizada por Friday, Tukamuhabwa, & Muhwezi (2012) num estudo sobre a segurança rodoviária no Uganda. O estudo observou que a abolição da inspeção obrigatória de veículos a motor pela polícia em meados da década de 1990 levou a um aumento de veículos a motor em Condições Mecânicas

Perigosas (DMC) nas estradas (Friday et al., 2012). Este facto tem contribuído continuamente para minar a segurança rodoviária no país.

A inspeção dos veículos a motor é fundamental para eliminar das estradas os veículos a motor não aptos a circular e os veículos a motor com DMC, melhorando assim as condições de segurança rodoviária. Neste contexto, ao comentar as causas dos acidentes na Tanzânia, Lewis (2013) indicou que mais de 15% dos acidentes rodoviários foram causados por veículos a motor não aptos para circular. Os desafios constatados em matéria de controlo técnico dos veículos a motor prendem-se com o facto de a Tanzânia importar veículos a motor em segunda mão de países desenvolvidos. As condições mecânicas de alguns destes veículos a motor foram responsabilizadas pelos acidentes nas estradas tanzanianas. Os mecanismos existentes de inspeção dos veículos a motor, que eram essencialmente de natureza visual, foram considerados pouco fiáveis e não tinham a abrangência necessária. Ao enfatizar o papel das condições dos veículos a motor na segurança rodoviária, Anini, (2011) observa ainda que existe uma elevada probabilidade de os veículos a motor em condições de desgaste se envolverem em acidentes rodoviários. Neste contexto, King (2005) indica que os veículos a motor com características adequadas e funcionais, como cintos de segurança, luzes adequadas, travões, volante, pneus, indicadores de direção, entre outros, e em boas condições, podem ajudar a reduzir os acidentes rodoviários.

Nas zonas rurais da Índia, a falta de inspecções dos veículos a motor tem sido responsabilizada pelo aumento dos incidentes de acidentes rodoviários. A falta de inspeção dos veículos a motor deu origem a um grande número de veículos a motor não aptos para circular na estrada, caracterizados por sistemas de travagem defeituosos, sistemas de iluminação indicadores defeituosos, pneus gastos, rodas soltas e eixos sobrecarregados (Khan, 2011). Estes aspectos contribuíram para o mau desempenho dos veículos a motor nas estradas, levando ao aumento dos casos de acidentes rodoviários. Na Nigéria, Motunrayo (2015) observou que o estado dos veículos a motor se tinha tornado uma preocupação para as autoridades, o que levou à criação do Serviço de Inspeção de Veículos a Motor (VIO), que se ocupa da tarefa de inspeção dos veículos a motor na Nigéria. No Quénia, Sang (2009), num estudo sobre a avaliação dos regulamentos de segurança, observou que, em 2009, o país tinha a Unidade de Inspeção de Veículos Motorizados. Esta unidade era responsável pela inspeção dos veículos motorizados de serviço público antes de serem licenciados para operar como PSVs. Os proprietários de PSVs eram obrigados a pagar uma taxa anual de Ksh 1.000 à Unidade de Inspeção de Veículos Motorizados da polícia de trânsito, que assegurava que o veículo motorizado cumpria todos os aspectos técnicos necessários para operar nas estradas quenianas. Os proprietários recebiam então um certificado de inspeção que lhes permitia obter uma licença de transporte e licenciamento para operar como PSV nas estradas quenianas.

2.4 Regulamentação rodoviária e desempenho dos projectos de segurança rodoviária

Foram adoptadas diversas regulamentações em matéria de utilização da estrada com o objetivo de melhorar o desempenho da segurança rodoviária. Neste contexto, Kim & Wagner (2014) observaram que, nos Estados Unidos, existem regulamentos sobre o consumo de álcool, bem como limites de velocidade, a fim de reforçar a segurança rodoviária. Neste contexto, o estudo observou que havia uma influência positiva e altamente significativa do consumo de álcool no sangue (TAS) nos EUA e os níveis de segurança rodoviária. A regulamentação relativa ao álcool reforça os aspectos de segurança rodoviária ao assegurar que o condutor tem pleno controlo do veículo a motor, reduzindo assim os acidentes rodoviários. O estudo examinou igualmente o papel da regulamentação dos limites de velocidade no desempenho da segurança rodoviária nos EUA. Neste contexto, o estudo constatou que mais de 40% dos condutores violam os limites de velocidade nas auto-estradas. A violação dos limites de velocidade está correlacionada com um menor controlo do veículo a motor, bem como com lesões mais graves para os condutores e passageiros em caso de acidente.

Juma (2015), num estudo sobre as estratégias de sensibilização dos utentes da estrada na Tanzânia, observou que a adesão aos regulamentos estabelecidos pode ter impacto na segurança rodoviária de diversas formas. O estudo observou que mais de 80% dos automobilistas da amostra do estudo não conheciam os requisitos/regulamentos de velocidade. Entre os aspectos que foram encontrados para se envolver em excesso de velocidade foi um resultado de beber, uso de drogas e motoristas inexperientes aprendizes. Estes factores foram vistos como comprometendo a segurança rodoviária na Tanzânia. Friday et al. (2012), num estudo sobre as tecnologias de comunicação rodoviária e a aplicação dos regulamentos de segurança rodoviária no Uganda, observaram desafios relacionados com os regulamentos sobre aspectos de segurança rodoviária. O estudo observou que, no Uganda, cerca de 80% a 95% dos acidentes rodoviários são causados pela falta de adesão a diversos regulamentos de segurança rodoviária. Entre os principais regulamentos de segurança rodoviária no Uganda inclui-se a Lei de Tráfego e Segurança Rodoviária de 2004, que impôs limites de velocidade, proibiu a utilização de telemóveis durante a condução, prescreveu limites de álcool e autorizou a utilização de controlo de velocidade. A falta de adesão a esta regulamentação de segurança rodoviária, que resulta num fraco desempenho em termos de segurança rodoviária, manifesta-se no comportamento dos condutores nas estradas do Uganda, incluindo a condução imprudente, o excesso de velocidade, a falta de ética rodoviária e os aspectos relacionados com o abuso de drogas. O estudo, ao examinar os níveis de conformidade da segurança rodoviária, observou que a conformidade regulamentar obrigatória, por oposição à voluntária, estava correlacionada positivamente com o desempenho da segurança rodoviária.

No Quénia, foram historicamente formulados e aplicados diversos regulamentos relativos à PSV. Os mais famosos nos últimos tempos foram os regulamentos publicados em outubro de 2003, com uma data de aplicação de 1st de fevereiro de 2004. Estes regulamentos ficaram conhecidos como as regras "Michuki", em homenagem ao então Ministro dos Transportes do Governo, John Michuki. De acordo com Sang (2009), os requisitos do regulamento incluíam: instalação obrigatória de reguladores de velocidade em todos os veículos ligeiros de passageiros e comerciais cuja tara exceda os 3.048 kg, a fim de limitar a velocidade a 80 km/h; instalação de cintos de segurança e utilização dos mesmos em todos os veículos a motor (públicos, comerciais e privados); emprego de condutores e motoristas numa base permanente e estes devem ser controlados em termos de segurança; e uso obrigatório de uniformes e distintivos por todos os condutores e motoristas de veículos ligeiros de passageiros. Outras medidas incluíam a redução da capacidade de carga de todos os veículos de transporte de passageiros e a proibição do transporte de passageiros em pé; a pintura de uma faixa amarela, a indicação dos pormenores do itinerário e a inscrição dos dados do proprietário em todos os veículos de transporte de passageiros, a fim de facilitar a identificação dos veículos de transporte de passageiros, a realização obrigatória de um novo exame de todos os condutores de veículos de transporte de passageiros de dois em dois anos e a afixação de uma fotografia de cada condutor.

Os regulamentos tiveram diversos impactos na segurança rodoviária no Quénia. Entre o impacto profundo dos regulamentos, conta-se a redução dos limites de velocidade, reduzindo assim as mortes na estrada resultantes do excesso de velocidade dos veículos ligeiros de passageiros. Os PSV também deixaram de ter passageiros de pé e limitaram o número de passageiros que os PSV podiam transportar.

2.5 Sensibilização dos utentes da estrada para a segurança e desempenho dos projectos de segurança rodoviária

A sensibilização para a segurança rodoviária é fundamental para o desempenho da segurança rodoviária dos diversos utentes da estrada, incluindo os condutores, os passageiros e os peões. O comportamento do condutor é de importância crítica para a segurança rodoviária. Isto deve-se ao facto de a condução ser uma tarefa complexa que requer a atenção auditiva, visual e tátil dos condutores (Hurtado, 2015). Os condutores devem, por conseguinte, evitar distracções e concentrar-se na estrada devido à natureza mutável do ambiente em que conduzem os veículos a motor. De acordo com Walker & Strathie (2015), a condução distraída envolve tudo o que retira a atenção do condutor da tarefa principal de conduzir. Estas distracções podem ser sistemas de entretenimento nos veículos a motor e dispositivos de mão, entre outras distracções. A condução distraída tem a capacidade de comprometer a segurança rodoviária. Neste contexto, King (2005) indica que os dispositivos portáteis aumentam quatro vezes a probabilidade de envolvimento num acidente. Pode haver outras distracções externas ao veículo a motor de que o condutor deve estar consciente. Os condutores devem, portanto, manter sempre uma compreensão do seu ambiente imediato, incluindo as velocidades dos veículos a motor, os veículos a motor vizinhos, os peões, os pontos de referência e a sinalização rodoviária, entre outros aspectos.

Pino, Baldari, Pelosi, & Giucastro (2014) num estudo sobre Factores de risco de acidentes rodoviários: An empirical analysis among an Italian drivers sample. A capacidade do condutor para responder às exigências de condução ocasionadas pelas condições de condução, por exemplo, condução nocturna ou exigências da infraestrutura, por exemplo, estradas com buracos. O estudo refere que, no contexto em que as exigências da tarefa de condução excedem as capacidades do condutor, este não consegue controlar o veículo a motor, o que pode conduzir a uma colisão. Por conseguinte, Pino et al. (2014) refere que a dificuldade da tarefa de condução é inversamente proporcional à diferença entre as exigências da tarefa e a capacidade do condutor.

Moraa (2006) realizou um estudo sobre a segurança rodoviária no Quénia: um estudo dos conhecimentos, atitudes e práticas dos condutores de veículos a motor de serviço de passageiros. O estudo utilizou uma amostra de 160 inquiridos provenientes de veículos a motor de serviço público com o objetivo de investigar de que forma os conhecimentos, as atitudes e as práticas dos condutores de veículos a motor de serviço público contribuem para os acidentes rodoviários. O estudo observou que os condutores de veículos a motor da função pública provocaram um elevado número de acidentes rodoviários devido a atitudes negativas em relação aos regulamentos de segurança rodoviária e a atitudes negativas em relação aos organismos responsáveis pela aplicação da lei e ao seu trabalho. O estudo também observou que a condução de veículos motorizados de serviço público não estava normalizada em todo o país, o que conduzia a práticas de segurança rodoviária deficientes entre os condutores.

No contexto dos peões, Kim & Wagner (2014) examinaram a segurança dos peões nos Estados Unidos da América. O estudo constatou que a utilização do telemóvel reduziu a sensibilização dos peões para a situação, aumentando assim as práticas rodoviárias pouco seguras. O estudo observou o impacto da utilização do telemóvel no risco de colisão dos peões, tendo constatado que falar ao telefone (69,5%) representava um comportamento mais, perigoso do que enviar mensagens de texto (9,1%) para os peões. O estudo também observou que os peões ouviam música nos auscultadores. Juma (2015), num estudo sobre a sensibilização dos utentes da estrada para as estratégias de controlo dos acidentes rodoviários na Tanzânia, observou que a falta de sensibilização para as regras de segurança rodoviária entre os vários utentes da estrada conduz a comportamentos e hábitos inseguros por parte dos utentes da estrada. A falta de sensibilização dos passageiros, peões, automobilistas e ciclistas para a segurança rodoviária torna os utentes da estrada vulneráveis a acidentes rodoviários. A falta de sensibilização para os aspectos da segurança rodoviária manifesta-se sobretudo através de uma má ética de utilização da estrada e da falta de adesão aos regulamentos rodoviários estabelecidos.

2.6 Auditorias de segurança rodoviária e desempenho de projectos de segurança rodoviária

De acordo com Bagi & Kumar (2012), as auditorias de segurança rodoviária tiveram início no Reino Unido na década de 1980, antes de se estenderem à Austrália, à Nova Zelândia e aos Estados Unidos em meados da década de 1990. A auditoria de segurança rodoviária refere-se a um procedimento formal utilizado para uma avaliação independente do potencial de acidentes e do desempenho de segurança provável de um projeto específico para uma estrada ou esquema de tráfego, quer se trate de uma nova construção ou de uma alteração de uma estrada existente (Sayed & Mhaske, 2013). A auditoria de segurança rodoviária é frequentemente utilizada para efeitos de formulação de políticas relacionadas com a prevenção de acidentes no sistema rodoviário.

O Conselho Europeu para a Segurança dos Transportes (2007) indica que existem diversas formas de as auditorias de segurança rodoviária melhorarem o desempenho da segurança rodoviária. Estes benefícios incluem um melhor planeamento da infraestrutura de transportes, a sensibilização dos decisores políticos para a segurança rodoviária e a redução dos efeitos não intencionais da conceção da infraestrutura de transportes. Por conseguinte, os procedimentos formais e sistemáticos de auditoria da segurança demonstraram ser eficazes no domínio da segurança rodoviária. Isto porque as auditorias de segurança rodoviária devem estar em condições de reduzir o número e a gravidade dos acidentes nas estradas e permitir uma boa utilização das estradas pelos utentes.

Stephen (2001), num estudo sobre a análise da segurança sem a paralisia jurídica: O Programa de Auditoria de Segurança Rodoviária observou as diversas utilizações das auditorias de segurança rodoviária no reforço do desempenho da segurança rodoviária. A auditoria de segurança rodoviária é utilizada para identificar proactivamente e elaborar planos de ação para as áreas da rede rodoviária que comprometem a segurança rodoviária. O estudo observou que o objetivo final das auditorias de segurança é a minimização dos riscos para os peões, passageiros e condutores de veículos motorizados, e até mesmo para as pessoas próximas das estradas. Do mesmo modo, Lougheed (2006) indica que existem cinco objectivos das auditorias de segurança rodoviária, incluindo a redução da probabilidade de acidentes, a redução da gravidade dos acidentes, a promoção da segurança rodoviária entre as partes interessadas, a redução de trabalhos de reparação dispendiosos e a redução do custo global dos acidentes rodoviários, como traumatismos, hospitalizações, etc. Para ajudar a auditoria de segurança rodoviária a atingir os seus objectivos, o auditor de segurança deve ilustrar diversos aspectos, incluindo as características da estrada, as marcações da superfície da estrada, a sinalização e a delimitação, os cruzamentos e aproximações e os utentes especiais da estrada.

Diversos países em todo o mundo formularam organismos reguladores que efectuam auditorias de segurança rodoviária. No Reino Unido, as auditorias de segurança rodoviária começaram na década de 1980, tendo sido tornadas obrigatórias em 1991 para todas as estradas nacionais e auto-estradas. Na Austrália, as directrizes para as auditorias de segurança rodoviária foram publicadas em 1994, enquanto na Nova Zelândia, a Transit New Zealand (TNZ), que é a autoridade reguladora da segurança rodoviária, publicou as directrizes para as auditorias de segurança rodoviária em 1989. Foram alcançados diversos aspectos da segurança rodoviária em resultado das auditorias de segurança rodoviária. Lougheed (2006), num estudo sobre auditorias de segurança rodoviária: Quantifying and Comparing the Benefits and Costs for Freeway Projects demonstrou os benefícios tangíveis e práticos das auditorias de segurança. O estudo observa que os benefícios associados às auditorias de segurança rodoviária são muitas vezes expressos em termos de redução da frequência e da gravidade das colisões. Mesmo quando ocorrem colisões, as auditorias de segurança rodoviária garantem que a gravidade das colisões não é tão grave por natureza. O estudo que descreve em pormenor o impacto da auditoria de segurança rodoviária documentou o caso comparativo da antiga autoestrada Trans-Canada e de uma nova autoestrada que tinha sido construída. Reconhecendo o papel das auditorias de segurança rodoviária, o estudo observou que a nova autoestrada tinha uma taxa de colisão reduzida de 0,259 colisões por milhão de veículos a motor-quilómetros.

2.7 Quadro teórico

O estudo baseou-se na teoria dos sistemas e na teoria da matriz de Haddon.

2.7.1 Teoria dos sistemas

A teoria dos sistemas propõe a existência de um comportamento de determinados elementos nos seus ambientes naturais através de interacções entre si, formando uma determinada ordem de funcionamento (Griffith, 2013). Normalmente, os elementos dos sistemas estão inter-relacionados e dependem de um mecanismo de feedback entre si. No contexto da utilização e segurança rodoviárias, existem vários elementos que divergem do desempenho humano para garantir a fluidez - ou a falta dela - na utilização das estradas. A interação de factores humanos e não humanos, cuja interação forma um sistema, tem impacto no desempenho da estrada. Os elementos do sistema de utilização da estrada incluem os comportamentos humanos de outros condutores, o estado mecânico dos veículos a motor, as políticas de trânsito e os factores rodoviários (Muvuringi, 2012). A teoria centra-se nas diversas formas em que os actores e as partes do sistema se relacionam para garantir o transporte seguro de pessoas e bens do ponto A ao ponto B. A sua riqueza em sugerir factores que influenciam negativa e positivamente a segurança rodoviária confere uma importância particular a este estudo (Friday et al., 2012). Além disso, o documento examina os desafios que têm impacto nos diferentes elementos dos sistemas rodoviários que, por sua vez, afectam a segurança rodoviária, através da incorporação da teoria dos sistemas.

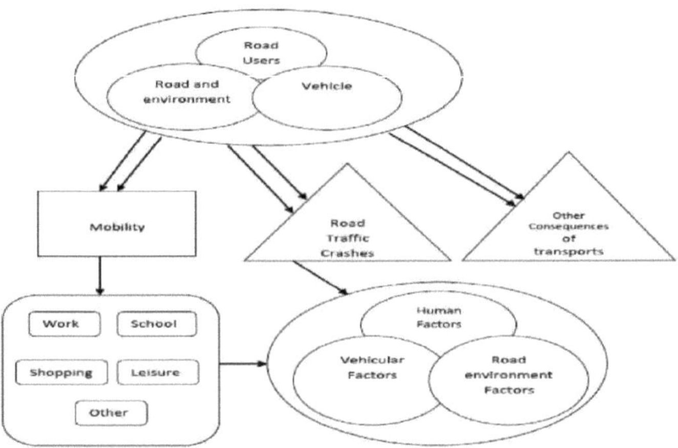

Figura 2: Teoria do sistema sobre segurança rodoviária

Fonte: Gumah (2015)

2.7.2 Teoria da matriz de Haddon

A teoria da matriz de Haddon é um refinamento da teoria dos sistemas, na medida em que sugere especificamente elementos na estrada que comprovadamente têm impacto na segurança rodoviária (An, Zhang, Zhang, & Wang, 2014). A teoria da matriz sugere que os factores do veículo a motor e do equipamento, os factores ambientais, os factores humanos, a fase pré-colisão e a fase pós-colisão, e os factores humanos são os seis factores que mais contribuem para a segurança rodoviária. Diferentes áreas de investigação sobre segurança rodoviária aperfeiçoariam estes elementos e seleccionariam os mais aplicáveis ao estudo. Para o presente estudo, os elementos mais importantes do estudo são os aspectos humanos e do veículo a motor da teoria da Matriz de Haddon.

Quadro 2.1: Matriz de Haddon

Phase	Human Factors	Vehicles and Equipment Factors	Environmental Factors
Pre-crash	Information Attitudes Impairment Police Enforcement	Roadworthiness Lighting Breaking Speed Management	Road design and road layout Speed limits Pedestrian facilities
Crash	Use of restraints Impairments	Occupant restraints Other safety devices Crash-protective design	Crash-protective roadside objects
Post-Crash	First-aid skills Access to medics	Ease of access Fire risk	Rescue facilities Congestion

Fonte: Yang (2012)

2.8 Quadro concetual

O estudo é orientado por quatro variáveis independentes, uma variável moderadora e uma variável dependente. As variáveis independentes são a inspeção dos veículos a motor, a regulamentação rodoviária, a sensibilização dos utentes e as auditorias de segurança rodoviária. As variáveis independentes incluem o desempenho do projeto de segurança rodoviária, enquanto a variável moderadora é o sistema judicial e as leis de trânsito.

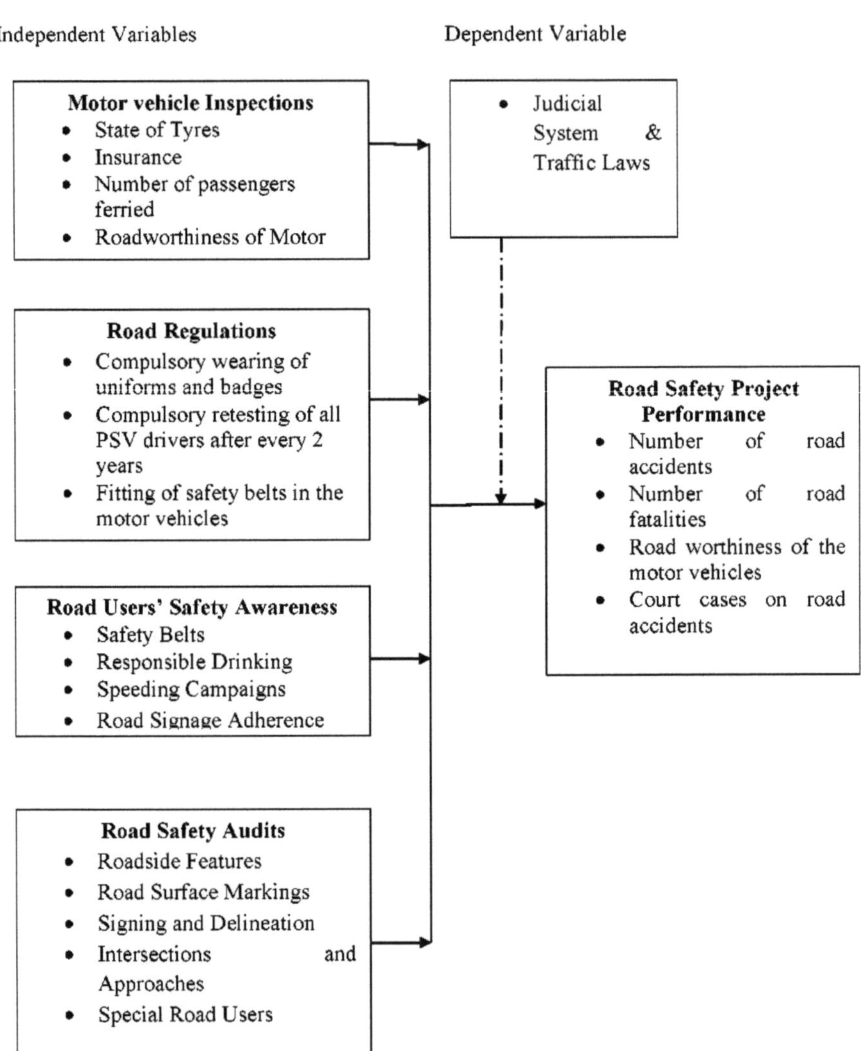

Figura 3: Quadro concetual

2.9 Resumo da literatura analisada e lacuna de investigação

Foram observados diversos desafios no desempenho dos projectos de segurança rodoviária, incluindo desafios com os órgãos de implementação das campanhas de segurança rodoviária, acesso inadequado a equipamentos de segurança rodoviária, como pistolas de velocidade e bafômetros, e apoio financeiro às actividades. No que diz respeito às inspecções dos veículos a motor, são necessárias inspecções regulares com vista a garantir que os componentes dos veículos a motor são seguros para utilização e estão em boas condições de funcionamento. A inspeção dos veículos a motor é fundamental para eliminar das estradas os veículos a motor não aptos a circular e os veículos a motor com DMC, melhorando assim as condições de segurança rodoviária. Os desafios enfrentados na inspeção dos veículos a motor incluíam os mecanismos existentes de inspeção dos veículos a motor, que eram principalmente de natureza visual, e que se verificou não serem fiáveis por natureza e não terem a abrangência necessária. Os veículos a motor com características adequadas e funcionais, tais como cintos de segurança, luzes adequadas, travões, volante, pneus, indicadores de direção, entre outros, e em boas condições, podem ajudar a reduzir os acidentes de viação.

Foram adoptados diversos regulamentos relativos à utilização da estrada com o objetivo de melhorar o desempenho da segurança rodoviária. Estas regulamentações incluem o consumo de álcool e os limites de velocidade, com o objetivo de melhorar a segurança rodoviária. Outras medidas tomadas em todo o mundo incluem a imposição de limites de velocidade, a proibição do uso de telemóveis durante a condução, a prescrição de limites de álcool e a autorização do uso de controlo de velocidade. No Quénia, entre os regulamentos rodoviários, incluem-se a instalação obrigatória de reguladores de velocidade em todos os veículos pesados e comerciais cuja tara exceda os 3.048 kg, a fim de limitar a velocidade a 80 km/h; a instalação de cintos de segurança e a utilização dos mesmos em todos os veículos a motor (públicos, comerciais e privados); a contratação de condutores e condutores numa base permanente, que devem ser controlados em termos de segurança; e o uso obrigatório de uniformes e distintivos por todos os condutores e condutores de veículos pesados. Outras medidas incluíam a redução da capacidade de carga de todos os veículos de transporte de passageiros e a proibição do transporte de passageiros em pé; a pintura de uma faixa amarela, a indicação dos pormenores do itinerário e a inscrição dos dados do proprietário em todos os veículos de transporte de passageiros, a fim de facilitar a identificação dos veículos de transporte de passageiros, a realização obrigatória de um novo exame de todos os condutores de veículos de transporte de passageiros de dois em dois anos e a afixação de uma fotografia de cada condutor.

A sensibilização para a segurança rodoviária é fundamental para o desempenho da segurança rodoviária dos diversos utentes da estrada, incluindo os condutores, os passageiros e os peões. O comportamento do condutor é de importância crucial para a segurança rodoviária. Os condutores devem, por conseguinte, evitar distracções e concentrar-se na estrada devido à natureza mutável do ambiente em que conduzem os veículos a motor. As auditorias de segurança rodoviária são fundamentais para a segurança rodoviária através de uma avaliação independente do potencial de acidentes e do desempenho provável em termos de segurança de um projeto específico de uma estrada ou de um esquema de tráfego, quer se trate de uma nova construção ou de uma alteração de uma estrada existente.

CAPÍTULO TRÊS

METODOLOGIA DE INVESTIGAÇÃO

3.1 Introdução

Este capítulo examinou a metodologia de investigação do estudo. A metodologia de investigação foi definida como a análise sistemática e teórica dos métodos a utilizar no domínio do estudo. Este capítulo examinou a conceção da investigação, a população-alvo, a dimensão da amostra e o processo de amostragem, o instrumento de recolha de dados, o estudo-piloto, o processo de recolha de dados e o processo de análise dos dados.

3.2 Conceção da investigação

O desenho da investigação refere-se ao quadro em que os dados foram recolhidos para permitir uma resposta adequada aos objectivos do estudo (Cooper & Schindler, 2008). O estudo utilizou o desenho de investigação descritivo. O desenho da investigação descritiva é utilizado para descrever as características e os traços do objeto de investigação através da resposta a aspectos como o que aconteceu, quem está envolvido, onde aconteceu, quando aconteceu, porque aconteceu e como aconteceu (Sekaran, 2003). O estudo descritivo aborda sempre o objeto de investigação tal como ele se apresenta no terreno, sem qualquer manipulação de variáveis. A conceção de investigação descritiva foi ideal para este estudo, uma vez que o estudo procurou examinar a influência das estratégias da NTSA no desempenho dos projectos de segurança rodoviária da Zusha em Nakuru, Quénia. O investigador examinou as estratégias tal como elas se apresentam no terreno, sem qualquer manipulação, mas descrevendo simplesmente a forma como influenciam o desempenho da segurança rodoviária.

3.3 População-alvo

A população-alvo foi definida como um grupo de indivíduos com uma determinada caraterística desejada que fornece os membros da amostra e com os quais os resultados da análise serão extrapolados (Saunder, Lews, & Thornhill, 2009). A população-alvo deste estudo foram as pessoas com informações sobre o desempenho dos projectos de segurança rodoviária em Nakuru. Estas pessoas incluem os condutores, peões, motociclistas, passageiros de veículos motorizados, funcionários da NTSA e agentes da polícia rodoviária.

3.4 Dimensão da amostra e processo de amostragem

O processo de incluir membros da população que têm a caraterística desejada num grupo mais pequeno que será utilizado para fazer inferências sobre a população é designado por amostragem (Kombo & Tromp, 2009). O número adequado destes indivíduos no grupo mais pequeno (amostra) é designado por dimensão da amostra. Este estudo utilizou a fórmula de Fisher para o cálculo da dimensão da amostra, da seguinte forma

$n=z^2 pq/d^2$

em que n é a dimensão da amostra pretendida se a população da amostra for superior a 10 000 z= desvio normal padrão no intervalo de confiança requerido

q=1-p

d=nível de significância estatística do conjunto

Por conseguinte;

$n=1,96^2 *0,5*0,5/0,05 =384^2$

Como a população era inferior a 10.000 habitantes, então

$$nf=\frac{n}{1+n/N}=\frac{384}{1+384/4,500}=353$$

inquiridos em que

nf=amostra pretendida se a dimensão da amostra for inferior a 10 000

n= população da amostra pretendida se a amostra for superior a 10 000

N=tamanho estimado da população

3.3 Instrumento de recolha de dados

O instrumento de recolha de dados é a plataforma utilizada para a recolha de informações junto dos membros da amostra, a fim de responder aos objectivos do estudo. Esta investigação utilizou o questionário estruturado para responder aos objectivos específicos do estudo. Os questionários estruturados envolvem um conjunto de perguntas escritas às quais são dadas opções aos inquiridos em relação às respostas que podem dar. O questionário estruturado será dividido em seis secções, sendo que a primeira secção apresentará as características dos inquiridos e as outras cinco secções abordarão os objectivos específicos. O questionário estruturado tem diversas vantagens que influenciam a sua utilização neste estudo. Estas vantagens incluem a facilidade com que os inquiridos preenchem os questionários em comparação com os questionários não estruturados, a facilidade de análise dos dados utilizando o software SPSS e a facilidade de administração a um grande número de inquiridos.

3.4 Estudo-piloto

Foi efectuado o estudo-piloto desta investigação. O estudo-piloto é um pequeno estudo destinado a testar os procedimentos de recolha de dados num número mais reduzido de amostras seleccionadas com características semelhantes às da amostra final que será utilizada, mas não no mesmo local (Sekaran & Bougie, 2011). Isto destina-se a evitar que o aspeto da área para o estudo final seja contaminado ou introduza um elemento de enviesamento. O estudo-piloto também foi utilizado para testar aspectos de validade e fiabilidade dos dados. O estudo-piloto foi realizado no subcondado de Naivasha, utilizando 10% dos inquiridos, ou seja, 10 inquiridos.

3.6.1 Validade do instrumento de recolha de dados

A validade foi definida como a exatidão dos instrumentos de investigação na medição do que os investigadores afirmam que os instrumentos medem (Jankowicz, 2005). A validade é importante para não se obterem resultados enganadores. A validade do questionário foi examinada utilizando os aspectos do estudo-piloto. A validade foi verificada utilizando o índice de validade de conteúdo. O índice de validade de conteúdo indicou que todas as perguntas eram pertinentes.

3.6.2 Fiabilidade do instrumento de recolha de dados

A fiabilidade dos questionários refere-se à precisão do instrumento de investigação (Upagade & Shende, 2012). A precisão do instrumento de investigação refere-se à capacidade de os instrumentos de investigação chegarem a resultados semelhantes após repetidas tentativas. O teste alfa de Cronbach foi utilizado para verificar a fiabilidade interna do estudo. A fiabilidade do estudo foi examinada utilizando o coeficiente alfa de Cronbach superior a 0,7. O coeficiente alfa de Cronbach do desempenho dos projectos de segurança rodoviária, da inspeção dos veículos a motor, da regulamentação rodoviária, da sensibilização dos utentes para a segurança rodoviária e das auditorias de segurança rodoviária apresentou coeficientes alfa de Cronbach de 0,765, 0,832, 0,765, 0,746 e 0,798, respetivamente. Estes coeficientes alfa de Cronbach foram superiores a 0,7, o que leva a crer que o instrumento de recolha de dados é fiável.

3.5 Método de recolha de dados

A recolha de dados teve início após a defesa bem sucedida do documento da proposta. O investigador começou por obter uma carta de autorização de trabalho de campo da Universidade de Nairobi. De seguida, o investigador administrou a declaração de consentimento e, posteriormente, o questionário. Os questionários auto-administrados utilizaram o método de administração "drop and pick". Neste método, o questionário foi entregue aos inquiridos e depois recolhido numa data posterior.

3.6 Análise e apresentação de dados

A análise dos dados é o processo de utilização de métodos lógicos comprovados para interrogar os dados, a fim de obter informações sobre os requisitos objectivos do estudo. Os dados recolhidos foram primeiro editados para eliminar quaisquer erros que possam estar associados ao processo de recolha de dados. Os dados serão depois codificados no software SPSS para efeitos de análise de dados. Para o estudo, foram utilizadas tanto a análise descritiva como a análise inferencial dos dados. A estatística descritiva envolveu as distribuições de frequência e as médias, enquanto a estatística inferencial envolveu a regressão linear múltipla. A regressão linear múltipla utilizada é a seguinte

$y = \beta_0 + \beta_1 X_1 + \beta_2 X_2 + \beta_3 X_3 + \beta_3 X_3 + \beta_4 X_4 + \acute{\varepsilon}$

Onde; Y= Projectos de Segurança Rodoviária da Zusha

β_0 =constante

$\beta_1 .... \beta_4$ = Coeficientes das estimativas

X_1 = Inspecções de veículos a motor

X_2 = regulamento rodoviário

X_3 = sensibilização dos utentes para a segurança rodoviária

X_4 = auditorias de segurança rodoviária

3.7 Considerações éticas

As considerações éticas do estudo foram tidas em conta através da administração da declaração de consentimento que informava sobre o objetivo do estudo, a confidencialidade das respostas dadas pelos inquiridos e o anonimato dos inquiridos.

3.10 Operacionalização das variáveis

A operacionalização das variáveis dependentes e independentes foi examinada através da análise dos objectivos, das variáveis, dos indicadores, da medição, da escala de medição, do instrumento de recolha de dados, do instrumento de recolha de dados, do tipo de análise e do instrumento de análise.

Tabela 3.1: Operacionalização das variáveis

Objective	Variable	Indicator	Measurement	Measurement Scale	Data Collection Tool	Type of Analysis
To determine the influence of motor vehicle inspections on road safety projects performance	Motor vehicle Inspection	-State of Tyres -Insurance -Number of passengers ferried -Roadworthiness of Motor vehicle	-Likert Scale	-Ordinal	Questionnaire	-Descriptive Statistics (mean, frequency distributions, standard deviations) -Inferential Statistics (Regression analysis)
To establish the influence of road regulations on performance of road safety projects	Road Regulations	-Compulsory wearing of uniforms and badges -Compulsory retesting of all PSV drivers after every 2 years -Fitting of safety belts in the motor vehicles	Likert Scale	-Ordinal	Questionnaire	-Descriptive Statistics (mean, frequency distributions, standard deviations) -Inferential Statistics (Regression analysis)
To examine the influence of road users' safety awareness on performance of road safety projects	Road Users' Safety Awareness	-Safety Belts -Responsible Drinking -Speeding Campaigns -Road Signage Adherence	Likert Scale	-Ordinal	Questionnaire	-Descriptive Statistics (mean, frequency distributions, standard deviations) -Inferential Statistics (Regression analysis)
To determine the influence of road safety audits on performance of road safety projects	Road Safety Audit	-Roadside Features -Road Surface Markings -Signing and Delineation -Intersections and Approaches -Special Road Users	Likert Scale	-Ordinal	Questionnaire	-Descriptive Statistics (mean, frequency distributions, standard deviations) -Inferential Statistics (Regression analysis)

CAPÍTULO QUATRO

ANÁLISE, APRESENTAÇÃO, INTERPRETAÇÃO E DISCUSSÃO DOS DADOS

4.1 Introdução

Este estudo procurou examinar a influência das estratégias da autoridade nacional dos transportes e da segurança no desempenho dos projectos de segurança rodoviária da Zusha no condado de Nakuru, no Quénia. O estudo baseou-se em quatro objectivos, ou seja, a análise da influência da inspeção dos veículos a motor, da regulamentação rodoviária, da sensibilização dos utentes para a segurança rodoviária e das auditorias de segurança rodoviária no desempenho dos projectos de segurança rodoviária da Zusha no condado de Nakuru.

4.2 Taxa de resposta dos inquiridos

O estudo utilizou uma amostra de 384 inquiridos, que eram as pessoas com informações sobre o desempenho dos projectos de segurança rodoviária em Nakuru. Estas pessoas incluem os condutores, peões, motociclistas, passageiros de veículos motorizados, funcionários da NTSA e agentes da polícia de trânsito. Dos 353 questionários distribuídos, foram devolvidos 344 questionários. Os questionários incompletos foram rejeitados, ou seja, 51 questionários, o que deixou 293 questionários completos. Os 293 questionários foram utilizados para efeitos de análise de dados e constituíram a base para os resultados deste estudo. A taxa de resposta foi de 83,0%, o que foi considerado suficiente para o estudo, tal como indicado por Kothari (2010).

Tabela 4.1: Taxa de resposta

Sample Size	Returned Questionnaires	Analyzed questionnaires	Response Rate
353	344	293	83.0%

4.3 Características do inquirido

O género e os níveis de educação dos inquiridos foram utilizados para estudar as características dos inquiridos.

4.3.1 Distribuição por género

O género dos inquiridos é fundamental para este estudo, porque géneros diferentes têm percepções diferentes da segurança rodoviária. A caraterística do género foi examinada utilizando a Tabela 4.2 abaixo. A maioria dos inquiridos (63,5%) neste estudo eram homens, enquanto as mulheres eram 36,5%. Isto pode ser atribuído ao facto de a maioria dos condutores e motociclistas serem do sexo masculino.

Quadro 4.2: Distribuição por género

	Frequency	Percentage
Male	186	63.5%
Female	107	36.5%
Total	293	100.0%

4.3.2 Distribuição do nível de ensino

O nível de educação dos inquiridos foi examinado utilizando a Tabela 4.3 abaixo. A maioria dos inquiridos, ou seja, 55,6% do estudo, tem o nível de ensino secundário, seguido dos que têm o nível de licenciatura, o nível de ensino primário e o nível de pós-graduação, com 20,8%, 13,3% e 10,2%.

Tabela 4.3: Distribuição por nível de ensino

	Frequency	Percentage
Primary School	39	13.3%
Secondary School	163	55.6%
Graduate School	61	20.8%
Post Graduate School	30	10.2%
Total	293	100.0%

4.4 Inspeção de veículos a motor

O estudo utilizou uma escala de Likert de 1-5, sendo 1-Discordo totalmente, 2-Discordo, 3-Incerto, 4-Concordo e 5-Concordo totalmente. O estudo examinou quais os aspectos da inspeção dos veículos a motor que desempenham um papel significativo na segurança rodoviária, ou seja, entre o estado dos pneus, o seguro, o número de passageiros transportados, a inspeção técnica do veículo a motor e a presença de cintos de segurança. No contexto do estado dos pneus, 47,8% dos inquiridos responderam que concordam, enquanto 31,1% escolheram concordar fortemente. O menor número de inquiridos no aspeto do estado dos pneus foi de 2,7% que responderam discordar totalmente, enquanto os que não tinham a certeza e discordavam eram 11,6% e 6,8%, respetivamente. Não houve nenhuma resposta fortemente discordante sobre a inspeção técnica do veículo a motor e os aspectos de seguro da inspeção do veículo a motor e 53,2% dos inquiridos escolheram concordar fortemente e 25,9% escolheram concordar no que diz respeito à inspeção técnica do veículo a motor, o que significa que esta é uma influência importante na segurança rodoviária.

Tabela 4.4: Distribuição de frequências da inspeção de veículos a motor

	SA Freq. (%)	A Freq. (%)	U Freq. (%)	D Freq. (%)	SD Freq. (%)
State of Tyres	91 31.1%	140 47.8%	34 11.6%	20 6.8%	8 2.7%
Insurance	72 24.6%	102 34.8%	72 24.6%	47 16.0%	0 0.0%
Number of passengers ferried	94 32.1%	144 49.1%	23 7.8%	28 9.6%	4 1.4%
Roadworthiness of Motor vehicle	156 53.2%	76 25.9%	34 11.6%	27 9.2%	0 0.0%
Presence of Seat Belts	81 27.6%	137 46.8%	56 19.1%	15 5.1%	4 1.4%

O seguro também é fundamental para a segurança rodoviária, uma vez que uma maioria cumulativa de 59,4% dos inquiridos o afirmou. A presença de cintos de segurança e o número de passageiros transportados obtiveram um número igual de inquiridos que discordaram fortemente (1,4%) de que desempenhavam um papel na segurança rodoviária. No entanto, a maioria dos inquiridos afirmou que ambos desempenham um papel na segurança rodoviária, tendo cada um deles recebido respostas de 27,6% e 32,1% dos inquiridos, respetivamente, e respostas de 46,8% e 49,1%, respetivamente. Alguns dos inquiridos (19,1% e 7,8%, respetivamente) não tinham a certeza se a presença de cintos de segurança e o número de passageiros transportados desempenhavam um papel na segurança rodoviária, enquanto (5,1% e 9,6%, respetivamente) discordavam.

As médias denotadas por p, no estudo, foram agrupadas em cinco intervalos, sendo o intervalo $4{,}5< \mu <5$ interpretado como tendência para concordar fortemente, $3{,}5< \mu <4{,}5$ como tendência para concordar, ($2{,}5< \mu <3{,}5$) como tendência para não ter a certeza, ($2{,}5< \mu <1{,}5$) como tendência para discordar e ($1\geq\mu<1{,}5$) como tendência para discordar fortemente. O estudo examinou quais os aspetos da inspeção de veículos motorizados que, em média, desempenham um papel significativo na segurança rodoviária, ou seja, entre o estado dos pneus, o seguro, o número de passageiros transportados, a inspeção técnica do veículo motorizado e a presença de cintos de segurança. Neste contexto, foi gerada a média das diferentes métricas. Ao interrogar a influência das métricas de inspeção de veículos motorizados na segurança rodoviária, em média os entrevistados tenderam a concordar que todos eles têm influência, pois as pontuações médias de todas as métricas na inspeção de veículos motorizados estavam na faixa de $3{,}5 < \mu \leq 4{,}5$, ou seja, estado dos pneus (3,976), seguro (3,679), número de passageiros transportados (4,010), controle técnico do veículo motorizado (4,232) e presença de cintos de segurança (3,942). Isto significa que, em média, os inquiridos estavam inclinados a concordar que o papel da inspeção dos veículos a motor era significativo no desempenho da segurança rodoviária.

A importância da inspeção de veículos a motor para a segurança rodoviária foi consistente com um estudo de Friday, Tukamuhabwa, & Muhwezi (2012) sobre a segurança rodoviária no Uganda. O estudo observou que a abolição da inspeção obrigatória de veículos a motor pela polícia em meados da década de 1990 levou a um aumento de veículos a motor em Condições Mecânicas Perigosas (DMC) nas estradas (Friday et al., 2012), o que tem vindo a prejudicar continuamente a segurança rodoviária no país. Além disso, na Nigéria, Motunrayo (2015) observou que o estado dos veículos a motor se tinha tornado uma preocupação para as autoridades, o que levou à criação do Serviço de Inspeção de Veículos a Motor (VIO), que se ocupa da tarefa de inspeção de veículos a motor na Nigéria. No Quénia, Sang (2009), num estudo sobre a avaliação dos regulamentos de segurança, observou que, em 2009, o país dispunha da Unidade de Inspeção de Veículos a Motor, responsável pela inspeção dos veículos a motor de serviço público antes de serem licenciados para operar como PSV.

O controlo técnico do veículo motorizado teve, em média, uma maior influência na segurança rodoviária em comparação com as outras métricas da matriz de competências empresariais, uma vez que obteve a média mais elevada. Isto foi consistente com um estudo de Anini, (2011) que enfatizou o papel das condições do veículo motorizado na segurança rodoviária, observando que há uma alta probabilidade de veículos motorizados em condições desgastadas estarem envolvidos em acidentes rodoviários. Além disso, a falta de inspeção dos veículos a motor conduziu a um grande número de veículos a motor não aptos para circular na estrada, caracterizados por sistemas de travagem defeituosos, sistemas de iluminação indicadores defeituosos, pneus gastos, rodas soltas e eixos sobrecarregados (Khan, 2011). Estes aspectos contribuíram para o mau desempenho dos veículos a motor nas estradas, conduzindo a um aumento dos casos de acidentes rodoviários. Neste contexto, King (2005) indica que os veículos a motor com características adequadas e funcionais, como cintos de segurança, luzes adequadas, travões, volante, pneus, indicadores de direção, entre outros, e em boas condições, podem ajudar a reduzir os acidentes rodoviários.

Os desvios-padrão denotados por σ_X , neste estudo, foram interpretados como um consenso elevado para $\sigma_X \leq 0,5$, um consenso moderado para $0,5 < \sigma_X \leq 1$ e nenhum consenso $\sigma_X > 1$ entre os inquiridos sobre a métrica em causa. O desvio padrão do estado dos pneus foi de 0,974, o do número de passageiros transportados foi de 0,955, o do controlo técnico do veículo a motor foi de 0,983 e o da presença de cintos de segurança foi de 0,89. Estes desvios-padrão distribuem-se moderadamente em torno da média, o que significa que existe um consenso moderado $0,5 < \sigma_X \leq 1$ entre os inquiridos de que o estado dos pneus, o número de passageiros transportados, o controlo técnico do veículo a motor e a presença de cintos de segurança têm influência na segurança rodoviária. O desvio-padrão do seguro foi de 1,017, o que significa que as respostas foram amplamente distribuídas em torno da média, o que indica que não houve consenso ($\sigma_X > 1$) sobre se o aspeto do seguro na inspeção dos veículos a motor tinha influência na segurança rodoviária.

Quadro 4.5: Médias e desvios-padrão da inspeção de veículos a motor

	Mean	Std. Deviation
State of Tyres	3.976	0.974
Insurance	3.679	1.017
Number of passengers ferried	4.010	0.955
Roadworthiness of Motor vehicle	4.232	0.983
Presence of Seat Belts	3.942	0.891

4.5 Regulamentos rodoviários

Os inquiridos foram questionados sobre quais os aspectos da regulamentação rodoviária que desempenharam um papel significativo nos aspectos da segurança rodoviária, entre o uso obrigatório de uniformes e distintivos, o novo exame obrigatório de todos os condutores de veículos pesados de passageiros de 2 em 2 anos, a instalação de cintos de segurança nos veículos a motor, a carta de condução dos condutores e a manutenção dos níveis de velocidade recomendados. A maior parte dos inquiridos que escolheram concordar fortemente fizeram-no em relação ao aspeto do uso obrigatório de uniformes e distintivos (48,1%), seguido do novo exame obrigatório de todos os condutores de veículos pesados de 2 em 2 anos (45,1%), o que significa que são os aspectos da regulamentação rodoviária que os inquiridos consideram mais importantes para a segurança rodoviária. Os inquiridos que escolheram a opção "concordo", ou seja, 28,7% e 28,3%, respetivamente, também afirmaram o mesmo.

Apenas um número insignificante de inquiridos optou por responder com discordo totalmente (0,3%) sobre se o uso obrigatório de uniformes e distintivos desempenhou um papel significativo na segurança rodoviária, sem respostas semelhantes em todas as outras métricas. Para além disso, a opção "discordo" recebeu o menor número de respostas em cada um dos aspectos da regulamentação rodoviária, ou seja, 6,5%, 9,9%, 3,0%, 8,2%, 17,1%, o que reforça a importância do papel desempenhado pela regulamentação rodoviária na segurança rodoviária.

Tabela 4.6: Distribuição de frequências dos regulamentos rodoviários

	SA Freq. (%)	A Freq. (%)	U Freq. (%)	D Freq. (%)	SD Freq. (%)
Compulsory wearing of uniforms and badges	141 48.1%	84 28.7%	48 16.4%	19 6.5%	1 0.3%
Compulsory retesting of all PSV drivers after every 2 years	132 45.1%	83 28.3%	49 16.7%	29 9.9%	0 0.0%
Fitting of safety belts in the motor vehicles	85 29.%	125 42.7%	82 28.0%	1 3.0%	0 0.0%
Drivers' having driving license	54 18.4%	104 35.5%	111 37.9%	24 8.2%	0 0.0%
Maintenance of the recommended speed levels	53 18.1%	97 33.1%	93 31.7%	50 17.1%	0 0.0%

Em média, o estudo procurou examinar quais os aspectos da regulamentação rodoviária que desempenharam um papel significativo na segurança rodoviária, entre o uso obrigatório de uniformes e distintivos, o novo exame obrigatório de todos os condutores de veículos pesados de passageiros de 2 em 2 anos, a instalação de cintos de segurança nos veículos a motor, a carta de condução dos condutores e a manutenção dos níveis de velocidade recomendados. O uso obrigatório de uniformes e distintivos teve uma pontuação média de 4,178, o novo exame obrigatório de todos os condutores de veículos pesados de 2 em 2 anos teve uma pontuação média de 4,085 e a instalação de cintos de segurança nos veículos a motor teve uma pontuação média de 4,003. Os condutores com carta de condução obtiveram uma média de 3,642 e a manutenção dos níveis de velocidade recomendados obteve uma média de 3,522. Em média, o uso obrigatório de uniforme foi o aspeto do regulamento rodoviário que desempenhou um papel mais significativo na segurança rodoviária do que os outros, uma vez que obteve a pontuação média mais elevada (4,178) entre as métricas relativas ao regulamento rodoviário.

A manutenção dos níveis de velocidade recomendados desempenhou o papel menos significativo, em média, de todas as métricas sobre os regulamentos rodoviários, uma vez que teve a pontuação média mais baixa (3,522). Este facto foi contrário a um estudo sobre as tecnologias de comunicação rodoviária e a aplicação dos regulamentos de segurança rodoviária no Uganda, realizado por Friday et al., (2012). O estudo concluiu que, entre os principais regulamentos de segurança rodoviária no Uganda, está a Lei de Segurança Rodoviária e Tráfego de 2004, que impôs limites de velocidade, proibiu a utilização de telemóveis durante a condução, prescreveu limites de álcool e autorizou a utilização de controlo de velocidade. Kim & Wagner (2014) observaram que nos Estados Unidos existem regulamentos sobre o consumo de álcool, bem como limites de velocidade, a fim de aumentar a segurança rodoviária. O estudo também examinou o papel da regulamentação dos limites de velocidade no desempenho da segurança rodoviária nos EUA.

Neste contexto, o estudo constatou que mais de 40% dos condutores violam os limites de velocidade nas auto-estradas. A violação dos limites de velocidade está associada a um menor controlo do veículo a motor, bem como a lesões mais graves para os condutores e passageiros em caso de acidente. Friday et al. (2012), num estudo sobre as Tecnologias de Comunicação Rodoviária e a Aplicação da Regulamentação de Segurança nas Estradas no Uganda, observou que entre as principais regulamentações de segurança rodoviária no Uganda inclui-se a Lei de Segurança Rodoviária e Tráfego de 2004, que impôs limites de velocidade, proibiu a utilização de telemóveis durante a condução, prescreveu limites de álcool e autorizou a utilização de controlo de velocidade. A falta de adesão a esta regulamentação de segurança rodoviária, que resulta num desempenho deficiente em termos de segurança rodoviária, manifesta-se no comportamento dos condutores nas estradas do Uganda, incluindo condução imprudente, excesso de velocidade, falta de ética rodoviária e abuso de drogas. No Quénia, foram formulados e aplicados regulamentos conhecidos como regras "Michuki" em relação ao PSV. De acordo com Sang (2009), entre os efeitos profundos dos regulamentos incluía-se a redução dos limites de velocidade, reduzindo assim as mortes na estrada resultantes do excesso de velocidade dos veículos ligeiros de passageiros.

Tabela 4.7: Médias e desvios-padrão dos regulamentos rodoviários

	Mean	Std. Deviation
Compulsory wearing of uniforms and badges	4.178	0.952
Compulsory retesting of all PSV drivers after every 2 years	4.085	1.005
Fitting of safety belts in the motor vehicles	4.003	0.765
Drivers' having driving license	3.642	0.875
Maintenance of the recommended speed levels	3.522	0.978

Não houve consenso entre os inquiridos sobre se o aspeto da regulamentação rodoviária relativo ao novo exame obrigatório de todos os condutores de veículos pesados de passageiros de 2 em 2 anos desempenhava um papel significativo na segurança rodoviária, uma vez que tem um desvio-padrão de 1,005 ($\sigma_X \geq 1$). As respostas sobre o uso obrigatório de uniformes e distintivos foram moderadamente distribuídas em torno da média com um desvio padrão de 0,952, o que implica que houve um consenso moderado ($0{,}5<\sigma_X<1$) de que desempenhou um papel significativo na segurança rodoviária. O mesmo se aplica à instalação de cintos de segurança nos veículos a motor, com um desvio-padrão de 0,765, à posse de carta de condução pelos condutores, com um desvio-padrão de 0,875, e à manutenção dos níveis de velocidade recomendados, com um desvio-padrão de 0,978.

4.6 Sensibilização para a segurança dos utentes da estrada

O estudo procurou saber se os aspectos de sensibilização para a segurança dos utentes da estrada desempenharam um papel significativo na segurança rodoviária. As métricas utilizadas para examinar este aspeto foram os cintos de segurança, o consumo responsável de álcool, as campanhas de excesso de velocidade, a adesão à sinalização rodoviária e a presença de pontos negros. A presença de pontos negros não teve nenhuma resposta de discordância ou discordância absoluta e uma maioria cumulativa de 73,7% afirmou que desempenhou um papel significativo na segurança rodoviária, com apenas 26,3% de insegurança. Não houve nenhuma resposta de discordância forte em todos os aspectos da sensibilização dos utentes para a segurança rodoviária e a maioria dos inquiridos optou por concordar em resposta à questão de saber se o consumo responsável de álcool, as campanhas de combate ao excesso de velocidade e a adesão à sinalização rodoviária têm desempenhado um papel significativo na segurança rodoviária, ou seja, 52,9%, 35,5% e 48,8%, respetivamente.

Tabela 4.8: Distribuição de frequências da sensibilização dos utentes da estrada para a segurança

	SA Freq. (%)	A Freq. (%)	U Freq. (%)	D Freq. (%)	SD Freq. (%)
Safety Belts	112 38.2%	107 36.5%	55 18.8%	19 6.5%	0 0.0%
Responsible Drinking	84 28.7%	155 52.9%	54 18.4%	0 0.0%	0 0.0%
Speeding Campaigns	59 20.1%	104 35.5%	82 28.0%	48 16.4%	0 0.0%
Road Signage Adherence	64 21.8%	143 48.8%	45 15.4%	41 14.0%	0 0.0%
Presence of black spots	85 29.0%	131 44.7%	77 26.3%	0 0.0%	0 0.0%

O estudo utilizou pontuações médias de cintos de segurança, consumo responsável de álcool, campanhas de excesso de velocidade, adesão à sinalização rodoviária e presença de pontos negros para saber se, em média, os aspectos de sensibilização para a segurança dos utentes da estrada desempenharam um papel significativo na segurança rodoviária. As pontuações médias, da mais alta para a mais baixa, foram as seguintes: consumo responsável de álcool (4,102), cintos de segurança (4,065), presença de pontos negros (4,027), cumprimento da sinalização rodoviária (3,785) e campanhas de excesso de velocidade (3,594). Em média, os entrevistados tenderam a concordar que todas as métricas sobre a conscientização de segurança dos usuários da estrada desempenharam um papel significativo na segurança rodoviária ($3,5 < \mu < 4,5$), o que foi consistente com um estudo sobre a conscientização do usuário da estrada sobre estratégias para controlar acidentes de trânsito na Tanzânia por Juma (2015), que observou que a falta de consciência das regras de segurança rodoviária entre vários usuários da estrada leva a comportamentos e hábitos inseguros dos usuários da estrada. Além disso, o estudo concluiu que a falta de sensibilização para a segurança rodoviária entre passageiros, peões, automobilistas e ciclistas torna os utentes da estrada vulneráveis a acidentes rodoviários. Os condutores devem, portanto, manter sempre uma compreensão do seu ambiente imediato, incluindo as velocidades dos veículos a motor, os veículos a motor vizinhos, os peões, os pontos de referência e a sinalização rodoviária, entre outros aspectos (King, 2005). Estes elementos contribuem coletivamente para a consciência da situação do condutor, que é fundamental para a tomada de decisões durante a condução.

Em média, o consumo responsável de álcool foi considerado como tendo desempenhado um papel mais significativo do que as outras métricas na sensibilização para a segurança dos utentes da estrada, uma vez que teve a pontuação média mais elevada. Este facto é consistente com um estudo realizado por Kim & Wagner (2014), que observou uma influência positiva e altamente significativa do consumo de álcool no sangue (TAS) nos EUA e nos níveis de segurança rodoviária. A regulamentação do consumo de álcool melhora os aspectos da segurança rodoviária ao assegurar que o condutor tem pleno controlo do veículo a motor, reduzindo assim os acidentes rodoviários. Além disso, um estudo realizado por Juma (2015) observou que, entre os aspectos que se verificou estarem envolvidos em excesso de velocidade, estavam o consumo de álcool e de drogas e a inexperiência dos condutores principiantes.

No contexto das campanhas de combate ao excesso de velocidade, os inquiridos consideram, em média, que estas têm desempenhado um papel significativo na segurança rodoviária. Este facto também foi observado num estudo realizado na Tanzânia por Juma (2015). O estudo observou que mais de 80% dos automobilistas da amostra do estudo não conheciam os requisitos/regulamentos de velocidade. Estes factores foram considerados como comprometendo a segurança rodoviária na Tanzânia.

Os desvios-padrão das várias métricas foram utilizados para examinar se havia consenso quanto ao facto de as várias métricas sobre a sensibilização para a segurança dos utentes da estrada desempenharem um papel significativo na segurança rodoviária. O desvio-padrão para os cintos de segurança foi de 0,910, o desvio-padrão para o consumo responsável de álcool foi de 0,680 e o desvio-padrão para as campanhas de excesso de velocidade foi de 0,987. A adesão à sinalização rodoviária e a presença de pontos negros tiveram desvios-padrão de 0,943 e 0,744, respetivamente. Verificou-se um consenso moderado entre os inquiridos quanto ao facto de cada métrica, em média, dos aspectos de sensibilização para a segurança dos utentes da estrada ter desempenhado um papel significativo na segurança rodoviária ($\sigma_X \geq 1$).

Tabela 4.9: Médias e desvios-padrão da consciencialização dos utentes da estrada

	Mean	Std. Deviation
Safety Belts	4.065	0.910
Responsible Drinking	4.102	0.680
Speeding Campaigns	3.594	0.987
Road Signage Adherence	3.785	0.943
Presence of black spots	4.027	0.744

4.7 Auditorias de segurança rodoviária

O estudo examinou se os aspectos das auditorias de segurança rodoviária desempenharam um papel significativo na segurança rodoviária através dos aspectos das características da berma da estrada, das marcações do pavimento, da sinalização e delimitação, dos cruzamentos e aproximações e da adesão às políticas de trânsito. No contexto das características da berma da estrada, 49,1% e 25,3% dos inquiridos que escolheram concordar e concordar fortemente afirmaram que as características da berma da estrada desempenham um papel significativo na segurança rodoviária. 13,3% dos inquiridos mostraram-se indecisos, enquanto 9,6% e 2,7% discordaram e discordaram fortemente da métrica. No que respeita às marcas rodoviárias, uma maioria cumulativa de 65,9% considera que estas desempenham um papel significativo na segurança rodoviária, enquanto 9,6% são de opinião contrária.

A sinalização e a delimitação tiveram o maior número de inquiridos inseguros (28,7%) em comparação com as outras métricas da auditoria de segurança rodoviária, mas tiveram um número equivalente de inquiridos que discordaram fortemente como a adesão às políticas de trânsito. Os cruzamentos e as aproximações obtiveram respostas de 47,8% e 25,9%, respetivamente, que concordam e concordam fortemente, ao passo que a adesão às políticas de trânsito obteve 51,5% de inquiridos que concordaram fortemente, o que significa que a maioria dos inquiridos considerou que se tratava de um aspeto muito importante da auditoria de segurança rodoviária e que desempenhava um papel muito significativo na segurança rodoviária.

Quadro 4.10: Distribuição de frequências das auditorias de segurança rodoviária

	SA Freq. (%)	**A Freq. (%)**	**U Freq. (%)**	**D Freq. (%)**	**SD Freq. (%)**
Roadside Features	74	144	39	28	8
	25.3%	49.1%	13.3%	9.6%	2.7%
Road Surface Markings	70	123	72	16	12
	23.9%	42.0%	24.6%	5.5%	4.1%
Signing and Delineation	28	139	84	38	4
	9.6%	47.4%	28.7%	13.0%	1.4%
Intersections and Approaches	76	140	26	43	8
	25.9%	47.8%	8.9%	14.7%	2.7%
Traffic Policies Adherence	151	115	11	12	4
	51.5%	39.2%	3.8%	4.1%	1.4%

As médias de vários aspectos da auditoria de segurança rodoviária foram examinadas para determinar se, em média, desempenharam um papel significativo na segurança rodoviária. Estes aspectos incluem as características da berma da estrada, as marcações da superfície da estrada, a sinalização e a delimitação, os cruzamentos e aproximações e a adesão às políticas de tráfego. As pontuações médias para as marcações da superfície da estrada, intersecções e aproximações e adesão às políticas de tráfego foram 3,761, 3,846 e 3,795, respetivamente. Os entrevistados tenderam a concordar que todas as métricas nas auditorias de segurança rodoviária desempenharam um papel significativo na segurança rodoviária, com todas as pontuações médias no intervalo $3,5 < \mu < 4,5$. Isto implicava que as auditorias de segurança rodoviária eram um aspeto crítico no desempenho dos projectos de segurança rodoviária. O Conselho Europeu de Segurança dos Transportes (2007) indica que existem diversas formas de as auditorias de segurança rodoviária melhorarem o desempenho da segurança rodoviária. Estes benefícios incluem um melhor planeamento da infraestrutura de transportes, a sensibilização dos decisores políticos para a segurança rodoviária e a redução dos efeitos indesejados da conceção da infraestrutura de transportes. Por conseguinte, os procedimentos formais e sistemáticos de auditoria da segurança demonstraram ser eficazes no domínio da segurança rodoviária. Isto porque as auditorias de segurança rodoviária devem estar em condições de reduzir o número e a gravidade dos acidentes nas estradas e permitir uma boa utilização das estradas pelos utentes.

Stephen (2001), num estudo sobre a análise da segurança sem a paralisia jurídica: O Programa de Auditoria de Segurança Rodoviária observou as diversas utilizações das auditorias de segurança rodoviária no reforço do desempenho da segurança rodoviária. A auditoria de segurança rodoviária é utilizada para identificar proactivamente e elaborar planos de ação para as áreas da rede rodoviária que comprometem a segurança rodoviária. O estudo observou que o objetivo final das auditorias de segurança é a minimização dos riscos para os peões, passageiros e condutores de veículos motorizados, e mesmo para as pessoas próximas das estradas. Os inquiridos tendem a concordar que, em média, as características da berma da estrada, com uma pontuação média de 4,355, desempenham um papel mais significativo do que os outros aspectos da auditoria de segurança rodoviária, pois é a pontuação média mais elevada, enquanto a sinalização e a delimitação desempenham o papel menos significativo, em média, com a pontuação média mais baixa de 3,509.

Os desvios-padrão para as marcações da superfície da estrada e a adesão às políticas de trânsito foram de 1,009 e 1,069, respetivamente, indicando que as respostas estavam amplamente distribuídas em torno da média, o que implicava que não havia consenso ($\sigma_X \geq 1$) entre os inquiridos sobre se ambos os aspectos da auditoria de segurança rodoviária desempenhavam um papel significativo na segurança rodoviária. As características da berma da estrada, a sinalização e a delimitação, e os cruzamentos e aproximações tiveram desvios-padrão de 0,846, 0,886 e 0,997, indicando que as respostas foram moderadamente distribuídas em torno da média, o que implica que houve um consenso moderado ($0,5<\sigma_X<1$) de que cada uma das métricas desempenhou um papel significativo na segurança rodoviária.

Quadro 4.11: Médias e desvios-padrão das auditorias de segurança rodoviária

	Mean	Std. Deviation
Roadside Features	4.355	0.846
Road Surface Markings	3.761	1.009
Signing and Delineation	3.509	0.886
Intersections and Approaches	3.846	0.997
Traffic Policies adherence	3.795	1.069

4.8 Desempenho dos projectos de segurança rodoviária

No contexto da utilização das estradas e da segurança rodoviária, existem vários elementos que divergem do desempenho humano para garantir a fluidez - ou a falta dela - na utilização das estradas. A teoria dos sistemas propõe a existência de um comportamento de certos elementos nos seus ambientes naturais através de interacções entre si, formando uma certa ordem de funcionamento (Griffith, 2013). Os elementos do sistema de utilização das estradas incluem os comportamentos humanos de outros automobilistas, o estado mecânico dos veículos a motor, as políticas de trânsito e os factores rodoviários (Muvuringi, 2012). O estudo procurou examinar se a inspeção dos veículos a motor, os regulamentos rodoviários, a sensibilização para a segurança dos utentes da estrada e as auditorias de segurança rodoviária tiveram impacto nos projectos de segurança rodoviária utilizando várias métricas. Estas incluíam a redução do número de acidentes rodoviários, a redução do número de mortes na estrada, a melhoria da qualidade rodoviária dos veículos a motor e a redução dos processos judiciais relativos a acidentes rodoviários. A maioria dos inquiridos concordou que o número de acidentes rodoviários (64,5%) diminuiu, tal como o número de mortes na estrada (63,5%), em resultado da inspeção dos veículos a motor, da regulamentação rodoviária, da sensibilização para a segurança rodoviária e das auditorias de segurança rodoviária, tendo os que escolheram concordado fortemente (17,7%) apoiado ainda mais esta afirmação. Os inquiridos que não tinham a certeza, discordavam e discordavam fortemente eram 10,9%, 5,5% e 1,4%, respetivamente, no que diz respeito à redução do número de acidentes rodoviários, e 2,4%, 6,8% e 4,1%, respetivamente, no que diz respeito à redução da mortalidade rodoviária.

Tabela 4.12: Distribuição de frequências do desempenho dos projectos de segurança rodoviária

	SA Freq. (%)	A Freq. (%)	U Freq. (%)	D Freq. (%)	SD Freq. (%)
Reduction on number of road accidents	52 17.7%	189 64.5%	32 10.9%	16 5.5%	4 1.4%
Reduction of road fatalities	68 23.2%	186 63.5%	7 2.4%	20 6.8%	12 4.1%
Improvement in road worthiness of the motor vehicles	31 10.6%	179 61.1%	43 14.7%	40 13.7%	0 0.0%
Reduction of court cases on road accidents	52 17.7%	143 48.8%	47 16.0%	35 11.9%	16 5.5%

Embora nenhum inquirido tenha escolhido a opção "concordo totalmente" em resposta à questão de saber se a melhoria da qualidade da estrada dos veículos motorizados teve impacto nos projectos de segurança rodoviária, 61,1% dos inquiridos que concordaram e 10,6% que concordaram totalmente afirmaram que a melhoria da qualidade da estrada dos veículos motorizados teve impacto nos projectos de segurança rodoviária, conforme mostra a Tabela 4.12. A redução dos processos judiciais sobre acidentes rodoviários teve uma maioria cumulativa de inquiridos (66,5%) que afirmaram que tinha impacto nos projectos de segurança rodoviária.

O estudo procurou examinar se, em média, a inspeção dos veículos a motor, os regulamentos rodoviários, a sensibilização para a segurança dos utentes da estrada e as auditorias de segurança rodoviária tiveram impacto nos projectos de segurança rodoviária, utilizando as pontuações médias de várias métricas. Estas incluíam pontuações médias de redução do número de acidentes rodoviários, redução de mortes na estrada, melhoria da qualidade rodoviária dos veículos a motor e redução de processos judiciais relativos a acidentes rodoviários. As pontuações médias, da mais alta para a mais baixa, foram as seguintes: redução do número de acidentes rodoviários (3,949), redução do número de mortos na estrada (3,918), melhoria da qualidade dos veículos a motor (3,686) e redução dos processos judiciais relativos a acidentes rodoviários (3,614). Em média, os inquiridos tendem a concordar ($3,5 < \mu < 4,5$) que cada uma das métricas dos projectos de segurança rodoviária tem impacto na inspeção dos veículos a motor, nos regulamentos rodoviários, na sensibilização dos utentes para a segurança rodoviária e nas auditorias de segurança rodoviária.

A redução do número de acidentes rodoviários foi a mais afetada em média, uma vez que obteve a média mais elevada. Lougheed (2006) indica que as auditorias de segurança rodoviária ajudam a reduzir a probabilidade de acidentes, a reduzir a gravidade dos acidentes, a aumentar a segurança rodoviária entre as partes interessadas, a reduzir os trabalhos de reparação dispendiosos e a reduzir o custo global dos acidentes rodoviários, como traumatismos, hospitalizações, etc. Em média, os inquiridos estavam inclinados a concordar que as mortes na estrada tinham diminuído. Isto é consistente com Sang (2009), que observou que entre o profundo impacto dos regulamentos conhecidos como regras "Michuki" no Quénia incluía a redução dos limites de velocidade, reduzindo assim as mortes na estrada resultantes do excesso de velocidade dos veículos pesados.

Os inquiridos estavam inclinados a concordar que houve uma melhoria da qualidade rodoviária dos veículos a motor como resultado dos vários aspectos de segurança rodoviária que foram realizados. Sang (2009), num estudo sobre a avaliação dos regulamentos de segurança no Quénia, também observou que, em 2009, o país tinha a Unidade de Inspeção de Veículos Motorizados, que era responsável pela inspeção dos veículos motorizados de serviço público antes de serem licenciados para operar como PSV. Os proprietários de VSP eram obrigados a pagar uma taxa anual de Ksh 1.000 à Unidade de Inspeção de Veículos Motorizados da polícia de trânsito, que assegurava que o veículo motorizado cumpria todos os aspectos técnicos necessários para operar nas estradas quenianas. Os proprietários recebiam então um certificado de inspeção que lhes permitia obter uma licença de transporte e licenciamento para operar como PSV nas estradas quenianas.

O desvio-padrão foi utilizado para examinar a distribuição das respostas sobre os vários aspectos dos projectos de segurança rodoviária em torno da média. Os desvios-padrão da redução do número de acidentes rodoviários (0,948), da redução do número de mortos na estrada (0,790) e da melhoria da qualidade dos veículos a motor (0,838) indicam que as respostas estão moderadamente distribuídas em torno da média, o que significa que existe um consenso moderado ($0,5<\sigma_X<1$) de que estes aspectos dos projectos de segurança rodoviária foram influenciados pela inspeção dos veículos a motor, pela regulamentação rodoviária, pela sensibilização dos utentes da estrada para a segurança e pelas auditorias de segurança rodoviária. Por outro lado, a redução de processos judiciais sobre acidentes rodoviários teve respostas muito distribuídas em torno da média, o que implica que não houve consenso ($\sigma_X \geq 1$) sobre se teve impacto na inspeção de veículos motorizados, regulamentação rodoviária, sensibilização dos utentes para a segurança rodoviária e auditorias de segurança rodoviária.

Tabela 4.13: Médias e desvios-padrão do desempenho dos projectos de segurança rodoviária

	Mean	Std. Deviation
Reduction on number of road accidents	3.949	0.948
Reduction of road fatalities	3.918	0.790
Improvement in road worthiness of the motor vehicles	3.686	0.838
Reduction of court cases on road accidents	3.614	1.078

4.9 Regressão Linear Múltipla

Uma análise de regressão linear múltipla é um processo estatístico que estima o efeito das variáveis preditoras (variáveis independentes) sobre a variável de resultado (variável dependente). Neste contexto, foi examinado o efeito das variáveis independentes (auditorias de segurança dos utentes da estrada, regulamentação rodoviária, inspeção dos veículos a motor e sensibilização para a segurança rodoviária) sobre a variável dependente (desempenho dos projectos de segurança rodoviária da Zusha). O coeficiente de regressão múltipla (R) que resultou da regressão linear múltipla foi de 0,687, o que significa que existe uma correlação positiva moderada entre as variáveis independentes e a variável dependente.

Tabela 4.14: Resumo do modelo

Model	R	R Square	Adjusted R Square	Std. Error of the Estimate
1	.687[a]	.472	.464	.54674

a. Predictors: (Constant), Safety Audits, Road Regulations, Motor vehicle Inspection, Safety Awarenes

O coeficiente de determinação (R^2) foi de 0,472, o que significa que 47,2% do efeito no desempenho dos projectos de segurança rodoviária de Zusha pode ser atribuído às auditorias de segurança dos utentes da estrada, aos regulamentos rodoviários, à inspeção dos veículos a motor e à sensibilização para a segurança rodoviária. Isto indica, portanto, que existem outros factores que não foram considerados neste estudo e que têm uma influência de 52,8% no desempenho dos projectos de segurança rodoviária da Zusha.

A análise de variância (ANOVA) foi realizada para determinar se o modelo de regressão era fiável. O valor p da ANOVA foi de 0,000, o que indicou que o modelo de regressão não tinha qualquer probabilidade (0,0%) de apresentar uma previsão incorrecta. O limiar de fiabilidade é de 0,05, que foi atingido uma vez que o valor p foi de 0,000, o que implica que o modelo é fiável.

Quadro 4.15: ANOVA[a]

Model		Sum of Squares	df	Mean Square	F	Sig.
1	Regression	76.834	4	19.208	64.257	.000[b]
	Residual	86.092	288	.299		
	Total	162.925	292			

a. Variável dependente: Desempenho
b. Preditores: (Constante), Auditorias de segurança, Regulamentos rodoviários, Inspeção de veículos a motor, Sensibilização para a segurança

Os coeficientes das variáveis independentes individuais (auditorias de segurança dos utentes da estrada, regulamentação rodoviária, inspeção dos veículos a motor e sensibilização para a segurança rodoviária) foram examinados. Obteve-se o seguinte modelo de regressão;

Desempenho dos projectos de segurança rodoviária da Zusha =0,691 + 0,889 (Auditorias de segurança dos utentes da estrada) + 0,073 (Regulamentos rodoviários) - 0,200 (Inspeção de veículos a motor) + 0,047 (Sensibilização para a segurança rodoviária)

Este modelo de regressão indica que um aumento de uma unidade nas auditorias de segurança dos utentes da estrada, mantendo-se os outros factores constantes, resultaria num aumento de 0,889 no desempenho dos projectos de segurança rodoviária da Zusha. Um aumento de uma unidade nos regulamentos rodoviários e na sensibilização para a segurança rodoviária resultaria num aumento de 0,073 e 0,047 no desempenho dos projectos de segurança rodoviária da Zusha, respetivamente, mantendo-se as outras variáveis constantes. Um aumento de uma unidade na inspeção de veículos motorizados resultaria numa diminuição de 0,200 no desempenho dos projectos de segurança rodoviária da Zusha. Isto indica que as auditorias de segurança, os regulamentos rodoviários e a sensibilização para a segurança rodoviária têm uma influência positiva no desempenho dos projectos de segurança rodoviária de Zusha. Por outro lado, indica que a inspeção de veículos motorizados tem uma influência negativa no desempenho dos projectos de segurança rodoviária de Zusha.

Quadro 4.16: Coeficientes[a]

Model		Unstandardized Coefficients		Standardized Coefficients	t	Sig.
		B	Std. Error	Beta		
1	(Constant)	.691	.411		1.681	.094
	Motor vehicle Inspection	-.200	.061	-.147	-3.271	.001
	Road Regulations	.073	.070	.050	1.048	.296
	Safety Awareness	.047	.086	.026	.549	.583
	Safety Audits	.889	.056	.709	15.748	.000

a. Variável dependente: Desempenho

CAPÍTULO CINCO

RESUMO DOS RESULTADOS, CONCLUSÕES E RECOMENDAÇÕES

5.1 Introdução

Este estudo examinou a influência das estratégias da Autoridade Nacional de Transportes e Segurança no desempenho dos projectos de segurança rodoviária da Zusha, com referência ao projeto Zusha em Nakuru, no Quénia. Os objectivos específicos eram determinar a influência das auditorias de segurança dos utentes da estrada, dos regulamentos rodoviários, da inspeção dos veículos a motor e da sensibilização para a segurança rodoviária no desempenho dos projectos de segurança rodoviária da Zusha em Nakuru, no Quénia. O estudo utilizou a conceção de investigação descritiva com uma amostra de 293 inquiridos, incluindo condutores, peões, motociclistas, passageiros de veículos motorizados, funcionários da NTSA e polícia de trânsito. A maioria dos inquiridos (63,5%) neste estudo era do sexo masculino, enquanto as mulheres eram 36,5%. O nível de educação dos inquiridos foi examinado com a maioria dos inquiridos (55,6%) no estudo a ter um nível de educação secundário, seguido dos que tinham níveis de graduação, escola primária e pós-graduação, com 20,8%, 13,3% e 10,2%.

5.2 Resumo das conclusões

O resumo das conclusões do estudo é o seguinte;

5.2.1 Inspeção dos veículos a motor e desempenho da segurança rodoviária

O estudo examinou quais os aspectos da inspeção dos veículos a motor que, em média, desempenham um papel significativo nos projectos de segurança rodoviária, ou seja, o estado dos pneus, o seguro, o número de passageiros transportados, o controlo técnico do veículo a motor e a presença de cintos de segurança. Neste contexto, foi gerada a média das diferentes métricas. Ao interrogar a influência das métricas de inspeção de veículos motorizados na segurança rodoviária, em média, os inquiridos tendem a concordar que todas elas têm uma influência, uma vez que as pontuações médias de todas as métricas na inspeção de veículos motorizados estavam no intervalo de $3,5< \mu <4,5$. Isto implicava que, em média, os inquiridos estavam inclinados a concordar que o papel da inspeção dos veículos a motor era significativo no desempenho dos projectos de segurança rodoviária.

O controlo técnico do veículo a motor teve, em média, uma maior influência nos projectos de segurança rodoviária em comparação com as outras métricas da matriz de competências empresariais, uma vez que obteve a média mais elevada.

Os desvios-padrão para o estado dos pneus, o número de passageiros transportados, a inspeção técnica do veículo a motor e a presença de assento estavam moderadamente distribuídos em torno da média, o que implicava que existia um consenso moderado $0,5<\sigma_X<1$ entre os inquiridos, cada um dos quais tinha influência nos projectos de segurança rodoviária. O desvio padrão do seguro foi de 1,017, o que significa que as respostas estavam amplamente distribuídas em torno da média, o que indicava que não havia consenso ($\sigma_X>1$) sobre se o aspeto do seguro na inspeção de veículos a motor tinha influência no desempenho dos projectos de segurança rodoviária.

5.2.2 Regulamentação rodoviária e desempenho da segurança rodoviária

Em média, o estudo procurou examinar quais os aspectos do regulamento rodoviário que desempenharam um papel significativo nos projectos de segurança rodoviária entre o uso obrigatório de uniformes e distintivos, o novo teste obrigatório de todos os condutores de PSV após cada 2 anos, a instalação de cintos de segurança nos veículos a motor, a carta de condução dos condutores e a manutenção dos níveis de velocidade recomendados. Em média, todas as métricas da matriz de regulamentação rodoviária tiveram influência no desempenho dos projectos de segurança rodoviária (pontuação média $3,5< \mu <4,5$). Em média, a obrigatoriedade do uso de uniforme foi o aspeto do regulamento rodoviário que teve um papel mais significativo nos projectos de segurança rodoviária do que os outros, pois teve a pontuação média mais alta (4,178) entre as métricas do regulamento rodoviário. Por outro lado, a manutenção dos níveis de velocidade recomendados foi o aspeto do regulamento rodoviário que desempenhou o papel menos significativo no desempenho dos projectos de segurança rodoviária, em média, de todas as métricas do regulamento rodoviário, uma vez que obteve a pontuação média mais baixa (3,522).

Não houve consenso entre os inquiridos quanto ao facto de o aspeto da regulamentação rodoviária relativo à obrigatoriedade de todos os condutores de veículos pesados voltarem a ser submetidos a um exame de controlo de 2 em 2 anos ter um papel significativo nos projectos de segurança rodoviária, uma vez que tem um desvio-padrão de 1,005 ($\sigma_{X\ x} > 1$). As respostas sobre o uso obrigatório de uniformes e distintivos, a instalação de cintos de segurança nos veículos a motor, a carta de condução dos condutores e a manutenção dos níveis de velocidade recomendados foram moderadamente distribuídas em torno da média com um desvio-padrão que implica que houve um consenso moderado ($0,5 < \sigma_X < 1$) de que desempenharam um papel significativo nos projectos de segurança rodoviária.

5.2.3 Sensibilização para a segurança dos utentes da estrada e desempenho em matéria de segurança rodoviária

O estudo usou pontuações médias de cintos de segurança, consumo responsável de álcool, campanhas de excesso de velocidade, adesão à sinalização rodoviária e presença de pontos negros para saber se, em média, os aspectos de conscientização de segurança dos usuários da estrada desempenharam um papel significativo no desempenho dos projetos de segurança rodoviária. Em média, os entrevistados tenderam a concordar que todas as métricas sobre a conscientização de segurança dos usuários da estrada desempenharam um papel significativo no desempenho dos projetos de segurança rodoviária ($3,5 < \mu < 4,5$), o que foi consistente com um estudo sobre a conscientização do usuário da estrada sobre estratégias para controlar acidentes de trânsito na Tanzânia por Juma (2015), que observou que a falta de consciência das regras de segurança rodoviária entre vários usuários da estrada leva a comportamentos e hábitos inseguros dos usuários da estrada.

Em média, o consumo responsável de álcool foi considerado como tendo desempenhado um papel mais significativo do que as outras métricas na sensibilização para a segurança dos utentes da estrada, uma vez que teve a pontuação média mais elevada. Isto foi consistente com um estudo de Kim & Wagner

(2014), onde observaram que havia uma influência positiva e altamente significativa do consumo de álcool no sangue (BAC) nos EUA e os níveis de segurança rodoviária. No contexto das campanhas de excesso de velocidade, a perceção dos inquiridos, em média, foi a de que estas desempenharam um papel significativo no desempenho dos projectos de segurança rodoviária. Este facto foi igualmente observado num estudo realizado na Tanzânia por Juma (2015). O estudo observou que mais de 80% dos automobilistas da amostra do estudo não conheciam os requisitos/regulamentos de velocidade. Estes factores foram considerados como comprometendo a segurança rodoviária na Tanzânia.

Os desvios-padrão das várias métricas foram utilizados para examinar se havia consenso quanto ao facto de as várias métricas sobre a sensibilização para a segurança dos utentes da estrada desempenharem um papel significativo no desempenho dos projectos de segurança rodoviária. Houve um consenso moderado entre os inquiridos quanto ao facto de cada métrica sobre os aspectos médios da sensibilização para a segurança dos utentes da estrada ter desempenhado um papel significativo no desempenho dos projectos de segurança rodoviária ($\sigma_X > 1$).

5.2.4 Auditorias de segurança rodoviária e desempenho da segurança rodoviária

As médias de vários aspectos da auditoria de segurança rodoviária foram examinadas para determinar se, em média, desempenharam um papel significativo no desempenho dos projectos de segurança rodoviária. Estes aspectos incluíam características da berma da estrada, marcações da superfície da estrada, sinalização e delimitação, cruzamentos e aproximações, e adesão às políticas de tráfego. Os entrevistados tenderam a concordar que todas as métricas nas auditorias de segurança rodoviária desempenharam um papel significativo no desempenho dos projetos de segurança rodoviária, com todas as pontuações médias no intervalo $3,5 < \mu < 4,5$. Isso implicava que as auditorias de segurança rodoviária eram um aspeto crítico no desempenho dos projetos de segurança rodoviária. Os entrevistados tenderam a concordar que, em média, as características da beira da estrada com uma pontuação média de 4,355 desempenharam um papel mais significativo do que os outros aspectos na auditoria de segurança rodoviária, pois foi a pontuação média mais alta, enquanto a sinalização e a delimitação desempenharam o papel menos significativo em média com a pontuação média mais baixa de 3,509.

Os desvios-padrão para as marcações da superfície da estrada e a adesão às políticas de tráfego foram de 1,009 e 1,069, respetivamente, indicando que as respostas estavam amplamente distribuídas em torno da média, o que implicava que não havia consenso ($\sigma_X > 1$) entre os inquiridos sobre se ambos os aspectos da auditoria de segurança rodoviária desempenhavam um papel significativo no desempenho dos projectos de segurança rodoviária. As características da berma da estrada, a sinalização e a delimitação, e os cruzamentos e aproximações tiveram respostas moderadamente distribuídas em torno da média, o que implica que houve um consenso moderado ($0,5 < \sigma_X < 1$) de que cada uma das métricas desempenhou um papel significativo no desempenho dos projectos de segurança rodoviária.

5.3 Conclusão

Por conseguinte, pode concluir-se que os regulamentos rodoviários, a sensibilização dos utentes para a segurança rodoviária e as auditorias de segurança rodoviária influenciaram positivamente o desempenho dos projectos de segurança rodoviária. Por outro lado, a inspeção dos veículos a motor influenciou negativamente o desempenho dos projectos de segurança rodoviária.

5.4 Recomendações

É necessário reforçar o controlo técnico dos veículos a motor e o uso obrigatório de uniforme. Além disso, deve ser criada uma maior sensibilização dos utentes da estrada para o consumo responsável de álcool e para as características da estrada. Isto pode ser conseguido através da organização de seminários e também da utilização de meios de comunicação electrónicos e impressos.

5.5 Sugestões para estudos futuros

De acordo com as conclusões desta investigação, podem ser realizados outros estudos para determinar por que razão a inspeção dos veículos a motor não tem sido eficaz em projectos de segurança rodoviária. A investigação também poderia ser alargada para incluir outras regiões do Quénia com uma vasta gama de variáveis para produzir um estudo mais significativo que poderia ser generalizado a uma população maior.

REFERÊNCIAS

Ajibola, M. (2015). Avaliação do impacto dos acidentes de viação na economia nigeriana. *Revista de Investigação em Ciências Humanas e Sociais, 3*(12), 8-16.

Al-Dah, M. (2010). Causes and consequences of road traffic crashes in Dubai, UAE and strategies for injury reduction (Causas e consequências dos acidentes rodoviários no Dubai, EAU e estratégias para a redução de lesões). *Revista Internacional de Humanidades e Ciências Sociais, 2(3),* 54-60.

An, S., Zhang, T., Zhang, X., & Wang, J. (2014). Deteção de acidentes não registrados em rodovias com base na mineração de dados temporais. *Mathematical Problems in Engineering, 3*(5), 15-22.

Anini, M. A. (2011). Priming of Road Safety Information by Print Media in Kenya: A study of the Nation Newspaper. *Journal of Information Science, 2*(3), 45-54.

Bagi, A., & Kumar, D. (2012). Auditoria de segurança rodoviária. *IOSR Journal of Mechanical and Civil Engineering Ver. I, 1*(6), 1-7.

Chattaraj, U. (2013). Impactos da condição da estrada, tráfego e características artificiais na segurança rodoviária. *Jornal Asiático de Engenharia Civil e Rodoviária, 12*(3), 1031-1039.

Cooper, R., & Schindler, P. (2008). *Business Research Methods* (10ª ed.). Nova Iorque, Estados Unidos: McGraw-Hill Publications.

Etsc, & Conselho Europeu para a Segurança dos Transportes. (2007). Auditoria da segurança rodoviária e avaliação do impacto na segurança. *Transportes, 5*(1), 1-30.

Comissão Federal de Segurança Rodoviária. (2016). Relatório anual de 2015. *American Journal of Research Communication, 2*(3), 69-77.

Sexta-feira, D., Tukamuhabwa, B., & Muhwezi, M. (2012). Comunicação rodoviária
Technologies and Safety Regulation Enforcement on Roads in Uganda (Tecnologias e aplicação do regulamento de segurança nas estradas do Uganda). *International Journal of Advances in Management and Economics, 3*(3), 17-26.

Geedipally, S. R. (2008). Examining the Application of Conway-Maxwell- Poisson Models for Analyzing Traffic Crash Data (Examinar a aplicação dos modelos de Conway-Maxwell-Poisson para analisar dados de acidentes de viação). *Jornal de Matemática e Estatística, 3*(2), 129-135.

Gitagama, M. (2014). Perceção do sector dos transportes públicos sobre a programação televisiva relativa à segurança rodoviária: um estudo de caso do condado de Nairobi. *Journal of Transport and Land Use, 2*(4), 72-79.

Griffith, C. D. (2013). Inclusão dos efeitos da fadiga na análise da fiabilidade humana.

Gumah, G. (2015). Análise espácio-temporal dos acidentes de viação na autoestrada Accra- Tema: Causas e factores de risco. *Journal of Traffic Regulations, 4*(2), 13-34.

Heydari, M. (2012). Uma abordagem de Bayes completa à segurança rodoviária: Hierarchical Poisson Mixture Models , Variance Function Characterization , and Prior Specification. *Asian Review of*

Applied Mathematical Methods, 22(8), 1093-1099.

Hurtado, S. (2015). Uma avaliação de rastreamento ocular da distração do motorista e sinais de trânsito. *Jornal de Segurança Rodoviária, 4(7),* 17-23.

Iipinge, S. M., & Owusu-afriyie, P. (2014). Avaliação da eficácia dos programas de segurança rodoviária na Namíbia: Learners ' Perspective. *Jornal de Tendências Emergentes em Ciências Económicas e de Gestão (JETEMS), 5*(6), 532-537.

Jankowicz, A. (2005). *Business Research Projects* (4ª ed.). Londres: International Thomson Business Press.

Jinadasa, D., & Bishop, T. (2014). Lesões causadas pelo tráfego rodoviário em estradas rurais na Tanzânia: Um Estudo para Determinar as Causas e Circunstâncias de Acidentes de Motociclos em Estradas Rurais de Volume. *European Review, 5*(9), 312-320.

Juma, S. H. (2015). Avaliação da Consciência do Utilizador da Estrada sobre Estratégias de Controlo de Acidentes de Trânsito; Um Estudo de Caso do Município de Kgoma-Ujiji.

Kemeh, J. (2010). Acidentes de viação na autoestrada Konongo- Kumasi - Dois anos depois. *Revista de Segurança Rodoviária, 5*(3), 901-910.

Khan, R. A. (2011). Nível de Conforto do Condutor em Zonas de Construção com Comprimento Reduzido do Cone de Transição: Case Study for Pakistani Conditions. *Asian Review of Traffic Safety, 2*(5), 67-72.

Kim, J., & Wagner, F. (2014). Uma revisão da cultura de segurança rodoviária na Europa para melhorar a segurança dos peões nos EUA: Lessons from France and Sweden. *Journal of the Built Environment, 10*(12), 471-476.

King, M. J. (2005). *Case Studies of the Transfer of Road Safety Knowledge and Expertise from Western Countries to Thailand and Vietnam, Using an Ecological "Road Safety Space" Model: Elefantes no Trânsito e Capacetes de Panela de Arroz.*

Kombo, D. K., & Tromp, D. L. A. (2009). *Redação de propostas e teses: An Introduction.* Nairobi, Quénia: Paulines Publications Africa, Don Bosco Printing Press.

Lewis, M. (2013). Determinantes da gravidade dos acidentes rodoviários envolvendo autocarros ao longo das estradas quenianas: um caso da estrada Nairobi - Kisumu, Quénia. *Journal of Road Safety andAccountabile Leadership, 5*(3), 09-15.

Lougheed, P. J. (2006). Road Safety Audits: Quantifying and Comparing the Benefits and Costs. *Transportation, 1*(2), 53-88.

Magolo, E., & Mitullah, W. (2007). *Políticas e Planos de Ação Nacionais de Segurança Rodoviária; A Experiência do Quénia.*

Moraa, G. (2006). Segurança rodoviária no Quénia: A Study of Knowledge, Attitudes and Practices of Drivers of Passenger Service Motor vehicles (Um Estudo sobre Conhecimentos, Atitudes e

Práticas dos Condutores de Veículos Motorizados de Serviço de Passageiros). *Jornal de Psicologia Social, 8*(4), 1738-1745.

Motunrayo, F. A. (2015). uma avaliação da eficácia da implementação de.
Muvuringi, M. (2012). Acidentes de viação no Zimbabué, factores de influência, impacto e estratégias. *Desenvolvimento da Saúde, 15*(1), 15-17.

Conselho Nacional de Segurança Rodoviária. (2009). Relatório Estatístico de Acidentes Rodoviários na Namíbia 2009. *Jornal de Economia e Política de Transportes, 5*(2), 17-66.

Autoridade Nacional de Transportes e Segurança. (2016). Relatório do Estado da Segurança Rodoviária 2015. *Transportes, 4*(1), 16-21.

Oburu, M. O. (2015). Avaliação das mensagens de segurança rodoviária pelo Ministério dos Transportes e Infra-estruturas. *IOSR Journal of Business and Management, 2*(3), 74-80.

Pino, O., Baldari, F., Pelosi, A., & Giucastro, G. (2014). Factores de risco de acidente rodoviário: Uma análise empírica entre uma amostra de motoristas italianos. *Revista Internacional de Inovação e Estudos Aplicados, 5*(4), 301-308.

Pooyan, A. (2012). Incorporação da Segurança Rodoviária nos Sistemas de Gestão Rodoviária. *Jornal de Engenharia e Investigação Operacional, 7*(3), 98-104.

Remi, J., Adegoke, I., & Oluwaseun, S. (2010). Analytical Study of the Causal Factors of Road Traffic Crashes in Southwestern Nigeria (Estudo analítico dos factores causais dos acidentes de viação no sudoeste da Nigéria). *Investigação Educacional, 1*(4), 118124.

Sang, E. K. (2009). An Assessment of the Effects of the "New" Road Safety Regulations on Passenger Service Motor vehicle Operations in Nairobi [Uma Avaliação dos Efeitos dos "Novos" Regulamentos de Segurança Rodoviária nas Operações de Veículos Motorizados de Serviço de Passageiros em Nairobi]. *Road Safety Regulations, 18(5),* 1217-1223.

Saunder, M., Lews, P., & Thornhill, A. (2009). *Research Methods for Business Students* (4ª ed.). Harlow: Prentice Hall Financial Times.

Sayed, M., & Mhaske, S. (2013). Auditoria de segurança rodoviária baseada em GIS. *Revista Internacional de Engenharia e Investigação Científica (IJSER), 1*(2), 21-23. Obtido de www.ijser.in

Sekaran, U. (2003). Towards a guide for novice research on research methodology: Revisão e métodos propostos. *Journal of Cases of Information Technology, $*(4), 24-35.

Sekaran, U., & Bougie, R. (2011). *Métodos de investigação para empresas: A Skill Building Approach* (5ª ed.). Delhi: Aggarwal printing press.

Stephen, R. (2001). Análise da segurança sem a paralisia jurídica: o programa de auditoria da segurança rodoviária. *Journal of Public Policy, 15*(12), 897-907.

Taera, E. (2014). Indústria de seguros de automóveis e seu papel na segurança rodoviária na Etiópia.

Revista Internacional de Engenharia e Segurança Rodoviária, $(11), 765-772.

Lei da Autoridade Nacional de Transportes e Segurança. (2012). *Lei da Autoridade Nacional de Transportes e Segurança.* Suplemento da Gazeta do Quénia.

Upagade, V., & Shende, A. (2012). *Metodologia de investigação* (2.ª ed.). Ram Nagar, Nova Deli: S.Chad and Company Ltd.

Vigneshkumar, K., & Vijay, P. (2014). Estudo sobre a melhoria da segurança rodoviária na Índia. *Revista Internacional de Investigação em Engenharia e Tecnologia, 1*(2), 2319-2322.

Walker, G., & Strathie, A. (2015). Indicadores principais de risco operacional no caminho de ferro: A Novel Use For Underutilised Data Recordings [Uma nova utilização para registos de dados subutilizados]. *Ciência da Segurança, 74(6),* 93-101.

Yang, H. (2012). Avaliação baseada em simulação do desempenho da segurança do tráfego usando medidas de segurança substitutas. *Engenharia Civil e Ambiental, 7*(5), 87-93.

Yogo, S. O. (2010). Factores que influenciam a elevada taxa de acidentes com motociclos de táxi no círculo eleitoral de Kasipul Kabondo, condado de Homabay. *Acidentes rodoviários, 7*(78-82), 5461.

APÊNDICE A

CARTA DE APRESENTAÇÃO

Julius Mathenge Kabue,

P.O Box, Nakuru.

0721323518

A QUEM POSSA INTERESSAR

REF: PEDIDO DE PARTICIPAÇÃO NO ESTUDO DE INVESTIGAÇÃO

Escrevo para solicitar a vossa participação no fornecimento de respostas que me permitam realizar um estudo sobre a **"Influência das estratégias da Autoridade Nacional de Transportes e Segurança no desempenho dos projectos de segurança rodoviária Zusha no condado de Nakuru, Quénia"**. Este é um requisito para o meu estudo de Mestrado em Planeamento e Gestão de Projectos na Universidade de Nairobi. Asseguro que as suas respostas e identidade serão mantidas confidenciais. Se desejar aceder ao relatório completo, este ser-lhe-á disponibilizado.

Com os melhores cumprimentos,

Julius Kabue

APÊNDICE B

INFLUÊNCIA DA AUTORIDADE NACIONAL DOS TRANSPORTES E DA SEGURANÇA

ESTRATÉGIAS DE DESEMPENHO DOS PROJECTOS DE SEGURANÇA RODOVIÁRIA DA ZUSHA NO CONDADO DE NAKURU, QUÉNIA

QUESTIONÁRIO PARA OS CONDUTORES E OS VENDEDORES AMBULANTES

Instruções: Preencher corretamente o seguinte questionário.

Confidencialidade: As respostas que fornecer serão estritamente confidenciais. Não será feita qualquer referência a um ou mais indivíduos no relatório do estudo.

Assinale ou responda corretamente a cada uma das perguntas.

PARTE A: INFORMAÇÕES DE BASE

1)	What is your gender?	Male	[ ]
		Female	[ ]
2)	What is your education level?	Primary School	[ ]
		Secondary School	[ ]
		Graduate	[ ]
		Post Graduate	[ ]

PARTE B: INSPECÇÃO DE VEÍCULOS A MOTOR

Para cada uma das seguintes partes, assinale, se for caso disso, em que medida concorda, utilizando a seguinte escala de likert.

SA= Concordo fortemente A=Concordo U=Incerto D=Discordo SD=Discordo fortemente

	The following motor vehicle inspection aspects have played a significant role in road safety aspects;	SA	A	U	D	SD
5)	State of Tyres					
6)	Insurance					
7)	Number of passengers ferried					
8)	Roadworthiness of Motor vehicle					
9)	Presence of Seat Belts					

PARTE C: REGULAMENTAÇÃO RODOVIÁRIA

Para cada uma das seguintes partes, assinale, se for caso disso, em que medida concorda, utilizando a seguinte escala de likert.

SA= Concordo fortemente A=Concordo U=Incerto D=Discordo SD=Discordo fortemente

	The following road regulations' aspects have played a significant role in road safety aspects;	SA	A	U	D	SD
10)	Compulsory wearing of uniforms and badges					
11)	Compulsory retesting of all PSV drivers after every 2 years					
12)	Fitting of safety belts in the motor vehicles					
13)	Drivers' having driving licence					
14)	Maintenance of the recommended speed levels					

PARTE D: SENSIBILIZAÇÃO PARA A SEGURANÇA DOS UTENTES DA ESTRADA

Para cada uma das seguintes partes, assinale, se for caso disso, em que medida concorda, utilizando a seguinte escala de likert.

SA= Concordo fortemente A=Concordo U=Incerto D=Discordo SD=Discordo fortemente

	The following road users' safety awareness aspects have played a significant role in road safety aspects;	SA	A	U	D	SD
15)	Safety Belts					
16)	Responsible Drinking					
17)	Speeding Campaigns					
18)	Road Signage Adherence					
19)	Presence of black spots					

PARTE E: AUDITORIAS DE SEGURANÇA RODOVIÁRIA

Para cada uma das seguintes partes, assinale, se for caso disso, em que medida concorda, utilizando a seguinte escala de likert.

SA= Concordo fortemente A=Concordo U=Incerto D=Discordo SD=Discordo fortemente

	The following road safety audit aspects have played a significant role in road safety aspects;	SA	A	U	D	SD
20)	Roadside Features					
21)	Road Surface Markings					
22)	Signing and Delineation					
23)	Intersections and Approaches					
24)	Traffic Policies adherence					

PARTE F: DESEMPENHO DOS PROJECTOS DE SEGURANÇA RODOVIÁRIA

Para cada uma das seguintes partes, assinale, se for caso disso, em que medida concorda, utilizando a seguinte escala de likert.

SA= Concordo fortemente A=Concordo U=Incerto D=Discordo SD=Discordo fortemente

	The motor vehicle inspection, road regulations, road safety audits, and road safety audits have impacted on the following road safety projects;	**SA**	**A**	**U**	**D**	**SD**
25)	Reduction on number of road accidents					
26)	Reduction of road fatalities					
27)	Improvement in road worthiness of the motor vehicles					
28)	Reduction of court cases on road accidents					

APÊNDICE C

AUTORIZAÇÃO DE NACOSTI

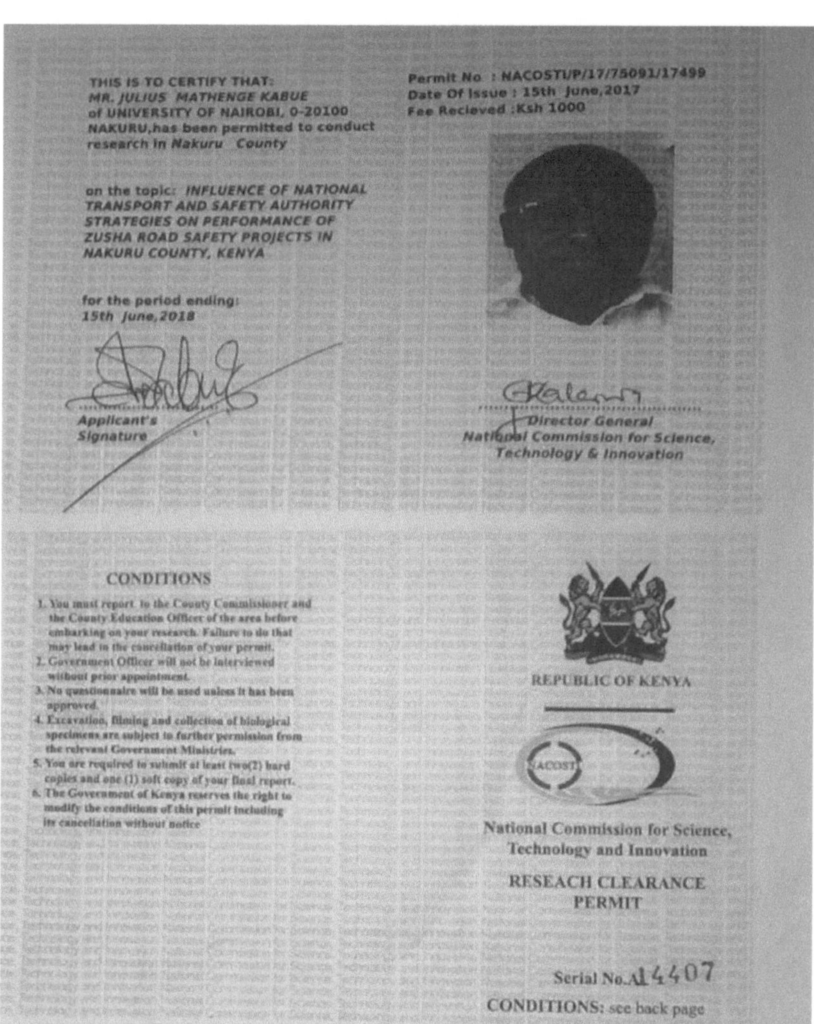

THIS IS TO CERTIFY THAT:
MR. JULIUS MATHENGE KABUE
of UNIVERSITY OF NAIROBI, 0-20100
NAKURU,has been permitted to conduct
research in *Nakuru County*

on the topic: *INFLUENCE OF NATIONAL TRANSPORT AND SAFETY AUTHORITY STRATEGIES ON PERFORMANCE OF ZUSHA ROAD SAFETY PROJECTS IN NAKURU COUNTY, KENYA*

for the period ending:
15th June,2018

Applicant's Signature

Permit No : NACOSTI/P/17/75091/17499
Date Of Issue : 15th June,2017
Fee Recieved :Ksh 1000

Director General
National Commission for Science, Technology & Innovation

CONDITIONS

1. You must report to the County Commissioner and the County Education Officer of the area before embarking on your research. Failure to do that may lead to the cancellation of your permit.
2. Government Officer will not be interviewed without prior appointment.
3. No questionnaire will be used unless it has been approved.
4. Excavation, filming and collection of biological specimens are subject to further permission from the relevant Government Ministries.
5. You are required to submit at least two(2) hard copies and one (1) soft copy of your final report.
6. The Government of Kenya reserves the right to modify the conditions of this permit including its cancellation without notice

REPUBLIC OF KENYA

National Commission for Science, Technology and Innovation

RESEACH CLEARANCE PERMIT

Serial No.A 14407

CONDITIONS: see back page

APÊNDICE D

AUTORIZAÇÃO DO GOVERNO DO CONDADO

THE PRESIDENCY
MINISTRY OF INTERIOR AND
CO-ORDINATION OF NATIONAL GOVERNMENT

Telegram: "DISTRICTER" Nakuru
Telephone: Nakuru 051-2212515
When replying please quote

DEPUTY COUNTY COMMISSIONER
NAKURU EAST SUB COUNTY
P.O. BOX 81
NAKURU.

Ref No. EDU.12/10 VOL.V/175

23th June 2017

TO WHOM IT MAY CONCERN

RE:- RESEARCH AUTHORIZATION
JULIUS MATHENGE KABUE

The above named person has been authorized to carry out research on "***influence of National Transport and Safety Authority strategies on performance of Susha Road safety projects***" in Nakuru County for the period ending 15th June, 2018

Please accord the necessary support.

EKoech.

EDITH KOECH
FOR DEPUTY COUNTY COMMISSIONER
NAKURU EAST SUB COUNTY

APÊNDICE E

AUTORIZAÇÃO DO MINISTÉRIO DA EDUCAÇÃO

MINISTRY OF EDUCATION
State Department of Basic Education

Telegrams: "EDUCATION",
Telephone: 051-2216917
Fax: 051-2217308
Email: cdenakurucounty@yahoo.com
When replying please quote
Ref: NO:
CDE/NKU/GEN/4/1/21 VOL.V/87

COUNTY DIRECTOR OF EDUCATION
NAKURU COUNTY
P. O. BOX 259,
NAKURU.

22ND JUNE, 2017

TO WHOM IT MAY CONCERN

**RE: RESEARCH AUTHORIZATION:
JULIUS MATHENGE KABUE
NACOSTI PERMIT NO/P/17/75091/17499**

Reference is made to letter ref. NACOSTI permit No.P/17/75091/17499 dated 15TH June, 2017.

Authority is hereby given to the above named to carry out research on "***Influence of National Transport and Safety Authority strategies on performance of Zusha Road safety projects in Nakuru County Kenya,***" for a period ending 15th June, 2018.

Kindly accord him the necessary assistance.

**MOSES KIARIE
FOR: COUNTY DIRECTOR OF EDUCATION
NAKURU COUNTY**

Copy to:

University OF Nairobi
P.O. Box 30197 - 00100
NAIROBI.

Printed by Books on Demand GmbH, Norderstedt / Germany